家庭生活一点通

李雅琪　编著

经济科学出版社

图书在版编目（CIP）数据

家庭生活一点通／李雅琪编著 . —北京：经济科学出版社，2013.3

ISBN 978 - 7 - 5141 - 2956 - 4

Ⅰ.①家… Ⅱ.①李… Ⅲ.①家庭生活 - 基本知识

Ⅳ.①TS976.3

中国版本图书馆 CIP 数据核字（2013）第 014190 号

责任编辑：张　力
责任印制：王世伟

家庭生活一点通

李雅琪　编著

经济科学出版社出版、发行　新华书店经销

社址：北京市海淀区阜成路甲 28 号　邮编：100142

总编部电话：88191217　发行部电话：88191537

网址：www. esp. com. cn

电子邮件：esp@ esp. com. cn

北京市业和印务有限公司印装

710×1000　16 开　10 印张　160000 字

2013 年 4 月第 1 版　2013 年 4 月第 1 次印刷

ISBN 978 - 7 - 5141 - 2956 - 4　定价：25.00 元

前　言

在经济不景气，加薪无望，物价上涨、人民币贬值的今天，人们感到钱越来越不值钱了。确实，通货膨胀让居民的衣食住行各个领域都受到很大的影响，怎样才能摆脱钱不够花的尴尬，让你的生活在精心安排下游刃有余呢？俗话说"小处不省钱袋空"，因此要最大限度地使用钱、用最少的钱办最多的事，保证每一分钱都得到最充分的利用。

在收入有限又暂时想不到"开源"的好方法时，就必须"节流"，控制日常生活的各项开支。一听到"量入为出"这几个字，很多人联想到的都是勒紧裤腰带的窘迫生活，因此对"节省"敬而远之，不想因为省几元钱而使自己的生活质量受到影响。其实节俭不是吝啬，更不是抠门，而是追求一种舒适、方便、健康、环保的绿色生活。"大富由天，小富由俭"，节俭的真正意义在于合理利用资源，杜绝浪费，有效地使用每一分钱，并且将钱毫不吝啬地花在自己真正想要用的地方，用最少的钱过上最好的生活，这才是聪明的用财之道。

在日常生活中，时时刻刻离不开金钱，正所谓金钱不是万能的，但是没有金钱是万万不能的，小到吃饭穿衣，大到买房看病都离不开它，金钱渗透在我们生活的方方面面。所以生活中处处隐藏着省钱的秘诀。比如，当你想买服饰的时候，了解一些衣服面料、做工质量、如何选购等窍门不仅能让购物更加轻松也能省下不少钱；购买食品时，巧妙辨别食品的优劣，不仅能买到货真价实的食品还能保证它们的安全，同样巧妙存储食品也是省钱的好方法……以上的例子只是省钱的一小部分窍门，如果你想让生活更加舒适、经济、省钱，你就需要运用到更多神奇的小窍门。

在本书的第一章，编者用通俗易懂的语言教会你如何用最少的钱买到最称心如意、物美价廉的服饰和服饰搭配与洗涤的窍门；第二章将教你选购食品、储存和加工食品的一些小妙招，让你在放心品尝美味的同时省钱也不误；第三章会介绍一些美容化妆与健身的窍门，让你不去美容院、不买昂贵化妆品、不去健身房也能美丽动人拥有健康好身材；第四章介绍家具装修与清洁的省钱小窍门；第五章则是日常养生保健与用药的小常识和窍门；第六章教你如何发现一物多用、变废为宝的乐趣；第七章则教你消费理财的一些省钱妙招。

本书收集的这些省钱的窍门都是来自广大人民群众的生活实践，是普通人集体的智慧，平实却蕴含了许多科学和生活创意。这些省钱的妙招给你在通货膨胀的经济环境下吃了一颗定心丸，让你明白省钱并不是一件困难的事情，是切切实实存在的一种生活态度和智慧。如果你还没有找到省钱的窍门，那么本书将是你最好的领路人。

编　者

目　录

第一章　服饰篇——时尚省钱两不误

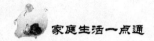

第二章　饮食篇——健康实惠有诀窍

第三章　美容化妆篇——美丽自己来打造

第四章　医疗养生保健篇——身体健康，万金不换

第五章　投资理财篇——金鸡下蛋，以钱生钱

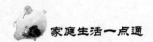

第一章 服饰篇——时尚省钱两不误

衣食住行，衣排首位，衣服可谓是人类文明的象征，是人类文化的渊源。衣服不仅有蔽体功能，还有美化的功能。俗话说"人靠衣装"，所以服饰在我们生活中占着非常最要的地位，因此知道一些服饰的小窍门，让您时尚美丽又省钱呢！

第一节　服饰购买

 巧辨服装面料能省钱

只要从纺织品边缝处取几根纤维，用火柴点燃，仔细观察纤维燃烧时的烟、火焰、气味、灰烬这几方面的特征，就能正确地辨别纺织品原料的种类。

1. 棉纤维与麻纤维：棉纤维与麻纤维都是近火焰即燃，燃烧迅速，火焰呈黄色，冒蓝烟。二者在燃烧散发的气味及烧后灰烬的区别是，棉燃烧发出纸气味，麻燃烧发出草木灰气味。燃烧后，棉有极少粉末灰烬，呈黑或灰色，麻则产生少量灰白色粉末灰烬。

2. 毛纤维与真丝：毛遇火冒烟，燃烧时起泡，燃烧速度较慢，散发出烧头发的焦臭味，烧后灰烬多为有光泽的黑色球状颗粒，手指一压即碎。真丝遇火缩成团状，燃烧速度较慢，伴有"咝咝"声，散发出毛发烧焦味，烧后结成黑褐色小球状灰烬，手捻即碎。

3. 涤纶点燃时纤维先收缩、燃熔，然后再燃烧，火焰呈黄白色、很亮、无烟。着火困难，燃后有芳香味，灰烬呈黑色硬块，能用指压碎。

4. 腈纶：点燃后能燃烧，但较慢，燃烧熔化，伴有辛酸味，燃后灰烬呈黑色小球，可压碎。

5. 维纶：燃烧时纤维先收缩，同时发生燃熔，但不延燃，冒黑烟，燃后剩黑色小块，可压碎。

6. 氯纶：燃烧时火焰亮，收缩并冒烟，有特殊气味，剩下褐色灰烬。

7. 丙纶：燃烧时缓慢收缩，无火焰，有蜡臭味，燃后呈蜡状硬块。

8. 绵纶：燃烧时无火焰，有芹菜味，燃烧卷缩成白色胶状物，趁热可拉成丝，遇冷就成为坚韧的浅褐色硬球，不易压碎。

9. 毛：如果燃烧时发出类似人的头发燃烧时发出的焦臭味，则可确认此面料含有毛的成分，气味越强烈，则说明毛的成分比例越高。然后看燃烧后的剩余物，如是黑色焦炭状，也可说明含有毛的成分。最后用手指将剩余物捻一下，若完全是粉末状，则说明是全羊毛，若有黏胶颗粒状出现，则说明含有化纤成分，黏胶颗粒状的硬物越多，则说明化纤成分的比例越高。

10. 马革：表面的毛孔呈椭圆形，不十分明显，比黄牛革的毛孔稍大，排列也比较有规律。革面松软，色泽昏暗，光亮不如牛皮革。一般都用来制作箱包。

11. 仿羊皮革：其外观和手感都类似真皮革，但细看无毛孔，底板非动物皮，是用针织物经人工合成的，没有其他皮革结实。

12. 猪革：皮革表面的毛孔圆而粗大，较倾斜地伸入革内。毛孔的排列为三根一组，革面呈现许多小角形的图案。一般猪皮革都经修面后再使用。手感坚实、挺括，常用来制作皮鞋、箱包。

所以，在平时如果能够在面料、质地方面有上述鉴别的常识，就可以用该花费的钱买到称心如意的商品，可以避免大笔的重复购买却没能买到自己想要的货真价实的商品的情况发生。

从辨别做工、质量来省钱

平时多了解服装方面的知识，对于面料、做工质量和纺织有一些必要、常用的认知，有时可以让自己在选购衣服时取得意想不到的省钱效果。这样一来，就等于把钱花在值得购买的实用耐用的衣服上，也是一种省钱的方式。要做到这一点需注意以下几个方面：

1. 服装上的各种标识。

（1）服装上有无商标和中文厂名、厂址。

（2）服装上有无服装型号标识及相应的规格，您在购买时可通过营业员来挑选适合自己穿着的型号及规格。

（3）服装上有无纤维含量标识，主要是指服装的面料、里料的纤维含量标识，各种纤维含量百分比应清晰、正确，有填充料的服装还应标明其中填充料的成分和含量。纤维含量标识应当缝制在服装的适当部位，属永久性的标识，以便于消费者在穿着过程中发现有质量问题可作为投诉的依据。

（4）服装上有无洗涤标识的图形符号及说明，并了解洗涤和保养的方法要求，特别是夏季穿着服装，要核实一下有没有能否水洗的标识。

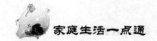

（5）服装上有无合格证、产品执行标准编号、产品质量等级及其他标识。

2. 外观质量的观察。

（1）服装主要表面部位有无明显织疵。如果在购买后经过穿着才发现表面有明显疵点等问题，则比较难分清责任，特别是价格较高的服装产品。

（2）服装的主要缝接部位有无色差。

（3）服装面料的花型、倒顺毛是否顺向一致，条格面料的服装主要部位是否对称、对齐。

（4）注意服装上各种辅料、配料的质地，如拉链是否滑爽、纽扣是否牢固、四合扣是否松紧适宜等。

（5）有粘合衬的表面部位，如领子、驳头、袋盖、门襟处有无脱胶、起泡或渗胶等现象。

3. 缝制质量的鉴别。

（1）目测服装各部位的缝制线路是否顺直，拼缝是否平服，绱袖吃势是否均匀、圆顺，袋盖、袋口是否平服，方正下摆底边是否圆顺平服。服装的主要部位一般指领头、门襟、袖笼及服装的前身部位，是需要重点注意的地方。

（2）查看服装的各对称部位是否一致。服装上的对称部位很多，可将左右两部分合拢，检查各对称部位是否准确。比如领头、门里襟、左右两袖长短和袖口大小，袋盖长短宽狭，袋位高低进出及省道长短等。

做到上述三条步骤并不难，只要您有心去鉴别、去发现，就可以买到经久耐用的服装，有效地避免只穿一两次就不能再穿的情况发生，在省钱的同时，也能顾及环保。

 反季节置衣也省钱

在选择反季节服饰的购买时，时机很重要。一般上半年是冬装打折期，夏季的羽绒服反季节销售是其中一大热门。夏季服饰反季节打折一般从当年9月至来年的4月。反季节销售的服装来源基本上是前一年的库存，往往是断码或者是服装在生产过程中有一点瑕疵。缺点是款式较陈旧、色彩不一定符合最新潮流，消费者可以选择的范围狭窄。一般来说，反季节销售适合那些对于服装款式没有过高要求，把经济实惠作为购买服装第一考虑要素的普通消费者。尽管反季节销售的服装价格便宜，您在选择购买反季节服装时，还是应该以实际需要为首要考虑要素。如果您急需添置的衣服正在反季节销售，此时购买是比较明智的。千万不要因为价格便宜一时冲动，买回很多只挂在衣橱里看、没有使用价值的衣服。另外，在购买反季节销售的服装时，也要对服装的质量、面料作全面的判断，并注意索要购货记录单据，以免上当受骗。

使用折价券和参加商场限时促销来省钱

平时多关注服装市场的价格、款式信息，多收集包装物内的广告资源。一件商品平时售价是多少，打折时售价是多少，要做到心中有数。这样做一方面可以不遗漏任何一场值得光顾的打折活动，另一方面还可以使自己的消费更加透明，免受"打虚折"的欺骗。

1. 折价券是一种非常常见的促销方式。普通的折价券是针对消费者发放的。拥有折价券可以使消费者对自己的购买作出计划。对于消费者的消费行为是一种很好的控制，从侧面达到了省钱的目的。

2. 通常折价券的面值是原价的 70% ~ 80% 。也就是说通过这种方法购置服装，可以直接省下 20% ~ 30% 的金额。

3. 对于有指定消费习惯的消费者来说，使用折价券是省钱购物的最好方法。折价券适用于那些有固定品牌喜好的成熟消费者。

网络购衣也要把价比

众所周知，网络购物是时下最便捷的买衣服手段，利用网络足不出户就可以买到和商店里一样款式、一样搭配的衣服，而且价格一般来说也比商店便宜很多，并且有商量讲价的余地。

网购服装的时候您会遇到这样的一个问题，同一件衣服在不同的卖家手中销售的价格也有不同，您自然想花最少的钱买到最好的衣服，可无奈网络卖家实在太多，如果一家一家地看，光时间就要耽误不少。但随着网络购物的不断完善，比价的搜索引擎开始出现，针对某一件商品，输入相关的信息，比如货号、产地、颜色、大小之后，开始搜索，不费吹灰之力，就能得到它的各种信息，包括在哪家购物网上能够买到，哪个卖主的价格最低，哪家的产品质量最好等。在国内规模比较大的购物网站上，都有这种比价系统，您在以后的购物中，不妨利用一下这个系统，足不出户，就掌握了哪家商品卖得便宜。您一定不要忽视比价。即使您已经对一个价格感到可以接受，最好也先查一下，没准就能发现更实惠的价格。

 ## 巧妙选择围巾来省钱

1. 身材短小且胖，胸围较大的女性宜选用花样单纯、颜色较深、色调单一的宽松类针织围巾或丝绸围巾，因为深色可以缩小视觉感从而起到收敛身材的作用。身材瘦小的女性宜选用花型款式简洁朴素、素淡雅致的围巾，但色彩应选用暖色调的。

2. 凹胸和胸围不大的人选用提花式样，质地柔软、蓬松，给人丰厚感的围巾为宜。

3. 肩窄或溜肩的人，选用加长型围巾，将围巾两端斜搭在肩部向身后垂挂，视觉上会使肩部相对变得宽厚些。

4. 脖颈较长的人，男性可以选用加厚加长的围巾。而年轻的女性宜用宽松绕脖的丝巾，色彩要和上衣贴近。

5. 皮肤较黑的人不宜选用浅色调的围巾，中性色偏深为好，而皮肤较白的人要选较柔和色调的围巾。

 ## 巧选皮靴来省钱

1. 皮靴的选型要端正。

将靴子平放在桌面上观察，其皮筒的中心线要与桌面垂直，不能前倾或后仰。如果前倾，皮筒卡住腿肚，如果后仰，脚背弯折处会出现很多皱褶。

2. 皮革和拉链的质量要好。

皮革要厚实、光洁、柔软，并且手感丰满。皮筒大小要合适，如系拉链靴，则以拉链包住腿为好。拉链必须牢固。

3. 皮靴的式样和色彩要适合自己的年龄和职业，并注意要与整套服装搭配。

上穿夹克衫、绒线衫，下穿西装裤或牛仔裤配皮靴显得精神、洒脱，短上衣、厚呢裙配皮靴，显得俊美、俏丽，穿裘皮大衣、西装裤配皮靴则显得高贵、典雅、华丽。

 ## 巧妙辨别皮鞋真假来省钱

1. 看毛孔。

假皮鞋大都是用纸壳做成，因此，表面没有皮革特有的毛孔。

2. 观皱褶。

真皮鞋用手按压鞋面会出现皱褶，假皮鞋没有弹性，不会出现皱褶。

3. 比亮度。

假皮鞋的亮光与真皮鞋不同，假皮鞋亮得出奇。

4. 看鞋里。

真皮鞋的鞋里大都是皮革的，而假皮鞋的鞋里不是皮革的。

5. 查厂家。

真皮鞋大都有生产厂家的具体地址及电话号码，而假皮鞋只是笼而统之地标注生产厂家的地址。

 ## 巧妙辨别丝绸真假来省钱

1. 观察光泽。

真丝织品的光泽柔和而均匀，虽明亮但不刺目。人造丝织品光泽虽也明亮，但不柔和。涤纶丝的光泽虽均匀，但有闪光或亮丝。锦纶丝织品光泽较差，如同涂上了一层蜡质。

2. 手摸感觉。

手摸真丝织品时有拉手感觉，而其他化纤品则没有这种感觉。人造丝织品滑爽柔软，但不挺括。棉丝织品手感不柔和。

3. 细察折痕。

当手捏紧丝织品后再放开时，因其弹性好而无折痕。人造丝织品则手捏后有明显折痕，且折痕难以恢复原状。锦纶丝织品虽有折痕，但也能缓缓地恢复原状，故切莫被其假象所迷惑。

4. 试纤拉力。

在织品边缘处抽出几根纤维，用舌头将其润湿，若在润湿处容易拉断，说明

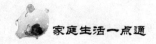

是人造丝，否则是真丝织品。

5. 听摩擦声。

由于蚕丝外表有丝胶保护而耐摩擦，干燥的真丝织品在相互摩擦时会发出一种声响，故称"丝鸣"或"绢鸣"，而其他化纤品则无声响出现。

 ## 巧选男式西装来省钱

1. 款式。

男西装的款式可以通过整件衣服的肥瘦、长短以及领驳头、纽扣、开叉和口袋等部位的变化来体现。选购时应多试几件，以穿着舒适，不影响一般活动，能体现男子的健壮体魄，并能套进一件羊毛衫为好。至于下部要不要开叉，西装驳领的宽窄，以个人爱好而定。西装纽扣种类繁多，身体瘦高者选双排扣更好。

2. 色彩。

身体胖的人宜穿竖条的深冷色调西装，身高体瘦宜选浅色格子西装。也可结合肤色来选择，但颜色选择切忌太艳太单，以雅致、柔和的棕、驼、米、灰等中间色为宜。

3. 质地。

西装面料以毛涤面料为好，其料挺括，结实，保型性强，价钱也便宜。高级男西装的衣服里面都有一层粘合衬，选购时，可用手攥一下衣服再松开，如感到衣服挺而不硬、不僵，弹性大，不留褶，手摸上去毛感强，说明衣料质量较好。再检查衣前襟，没有"两张皮"现象说明粘合衬质量较好。低劣的粘合衬虽能使衣服挺括，但手攥上去发硬、发僵。

4. 做工。

首先要看西装左右两边，尤其是驳领口袋，是否完全对称平整。口袋、纽扣位置是否准确端正。领、袖、前襟，及整体熨烫是否平整服帖。最后看针脚是否匀称，纽扣、缝线与面料色泽是否一致或协调，有无线头等。

5. 装潢。

高档男西装装潢较讲究。如带衣架、有塑料袋整装，有时还带有备用扎，商标精致并缝制于内衣口袋等。

巧选领带能省钱

领带的面料有真丝、毛料、化纤和混纺等，目前流行的是真丝领带。领带的面料质感应与西装面料质感协调。其次，领带的花色要与西装、衬衫的颜色相配，使之构成立体感强的套装。一般地说，当西服的颜色较深时，领带要选择与衣服色彩相同的浅色或相反色。比如，穿暗蓝色西服、白色衬衫，应选购一条胭脂色或浅蓝色领带，使人显得文静、朴素。如果穿褐色、蓝色、绿色、灰色的西服，可选购一条黄色领带，这样会令人感到快活、热情。如果穿整套的深色西服，可选购一条红色领带，这样在西服的驳头中露出一线鲜明的色彩，人便会变得活泼起来。此外选购领带，还要根据年龄和情趣。年轻人，可选购以枣红、朱红等浅色和套色较多、色彩明快的领带。对中年人来说，深色和小花型领带则显得大方庄重。如果身体有些肥胖，就请选购条子花领带。

 巧选衬衫也省钱

衬衫的大小是以领子为标准的，领子多大，则是多少号码。领长若是 37 厘米，即为 37 号，选衬衣时，要选比您脖子的尺寸略大一点的穿着舒适。两用衫，香港衫的规格，除各部位与衬衫基本相同外，领子尺寸的计算标准应放大 1.5 厘米，比如衬衫为 36 厘米，两用衫领大应选 37.5 厘米的，如果商家同意试穿，您试一试大小则更好。

 怎样选购皮衣能省钱

目前市场上的皮衣种类很多，这里教您个小窍门，保您会挑到一件称心的过冬皮装。

1. 首先，选择您喜欢的式样和皮衣结构，式样因人而异，喜欢什么式样和结构确定下来后，您得仔细观察质量。

2. 质量好坏决定皮衣的穿用寿命，您得把握好这几步：

（1）看是否真皮，真皮有毛孔痕迹，反面有皮渣，假的没有。

（2）皮板无破裂，无伤、虫咬及疤痕。

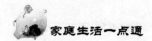

（3）皮板应色白，柔软细致，厚薄均匀，选择毛皮一体的毛皮衣时，除上述步骤外，还要求毛绒要整齐，绒毛厚实，糙毛要少，检查时可用口吹，看里面有无疵点，毛色要求一致，弯曲均匀，毛绒应细软。

 ## 怎样选购高档服装

当您选购呢大衣、中山装、西装等高档服装时，一定很想知道它的内在质量。衣服制成后，其内在的衬料、针线质量的确难以检验，但可通过外表的造型情况，迅速找出其内在的弊病。

1. 观察衣片下摆是否平行，袖隆深浅是否得当。

方法是：试穿时扣住上衣第一粒纽扣，保持自然姿态对着镜子观察左右衣片，若两侧门襟止口相互重叠平行，下摆与地面平行，则可断定衣服基本合体；门襟不重叠、平行，显然衣服偏小。若出现豁盖或下摆前长后短，说明后袖隆过深；出现豁盖或下摆前短后长，则说明前袖隆过深。这都不合标准。

2. 观察两门襟长度及胸部是否合格。

合体上衣的两洞片应比钉扣片约长2毫米，且前胸部位应饱满、圆顺，女上装前胸部应呈锥体形，男上装胸部应呈球冠形。不然，说明内胸衬做得不合格；同时，两侧省缝要对称、挺直，省尖要圆顺。

3. 领角是否对称，领围是否合适。

一角高一角低说明装领不正。驳领则应两侧驳角大小、形状相同。无论何种领头都应挺润、稍里卷，否则即是领衬低劣或制作工艺不合格。领围大小应适合颈部粗细，若配高领毛衣穿要适当放大领围。

4. 贴袋是否对称、熨帖。

有些新款式的口袋位置常前后偏移，选购时应注意。此外，贴袋要对称，插手袋或嵌线袋要整齐、方正。

5. 衣袖位置是否得当。

手臂自然弯曲时，衣袖下半部应在衣袋中线与摆缝之间。比较常见的装袖毛病有：两袖均过前、过后或一只前一只后。当然，挺胸者的衣袖应稍后，而驼背者的衣袖应稍前。前后适中的程度应以袖口四周不卡住手腕为准。另外，袖山头要圆顺、收细绉裥要均匀。

6. 后背是否平服。

穿着后后背不能有斜涟现象，造成此弊病的原因是肩的尺寸不合适。同时也不能有"Ｖ"形或"Λ"形涟绉，此类弊病常是驼背或挺胸没裁出所致。

 怎样选购羽绒服来省钱

1. 看。

看有无产品质量标签。注重质量的厂家都是比较重信誉的。选购时认准标签上是否有生产厂名厂址，含绒量是多少。

同时，在挑选羽绒制品时，要看好颜色、款式和是否鼓胀。如果羽绒制品不仅气鼓气胀，而且很蓬松，则说明质量较好。做工考究的羽绒制品，针脚应精细、整齐，镶、嵌、滚工艺应挺括、舒展，不能扭曲不平。面料应符合不粘绒的要求，但透气性要好。

2. 摸。

含绒率高，摸之给人一种柔软的感觉，且毛梗既少又小。毛梗多，摸之硬松，则说明质量欠佳。

3. 拍。

将羽绒制品平放在桌上，轻轻拍出里面的空气，并观察其恢复情况。含绒率高者弹性好，会很快就蓬松起来。反之，拍打时有灰尘，并有绒毛钻出来，很久才会鼓起来或微鼓一点，这说明是劣质货。

4. 搓。

用拇指和食指分别放在羽绒制品的两面轻轻搓捻，如果感到越来越薄，但很难把绒全部搓开，这说明质量好；如果一下子就能全搓开，并摸到了里外两层布，则说明含绒率低；如果感觉有一层厚物搓不开，则很可能是腈纶棉。

5. 捏。

羽绒收缩性很大，含绒越高收缩性越大。一件羽绒服可缩成一个公文包大小，一床羽绒被可缩成一个枕芯大小。含绒率高的羽绒制品轻，重者则可能含绒率低。所以，选购时用手掂一掂，也能分出优劣。重量越轻，体积越大则为佳品。含绒量30%，同等重量体积大于棉花一倍；含绒量70%以上，则大于棉花两倍。

6. 嗅。

没有经过复杂工艺处理和严格水洗消毒的羽绒，会产生难闻的气味；反之则无味。

 选购童鞋能省钱

1. 1~6 个月的婴儿，宜选购鞋头肥宽、质地柔软的软底绸布面童鞋。

2. 6 个月至两周岁的幼儿，正是学爬学走阶段，应选购有海绵的布底童鞋。

3. 2~5 周岁的儿童，已经能够自由跑动，可选购稍硬一些（不宜太硬的薄底童鞋）。

4. 5 岁以上的儿童，正处于迅速发育阶段，运动量多，最好选购布鞋或布胶鞋。

总之，幼童期间，不宜穿皮鞋。一般来说，选购童鞋应买大一号的，以能在后跟处插下一根食指为宜，儿童穿着号小的鞋会影响脚部发育。

 选购保暖内衣能省钱

1. 看面料。

一件内衣内外面料的好坏，是影响穿着舒适与否的关键。目前市场上的保暖内衣可按高、中、低档三类来分，其使用的面料有 40 支全棉、32 支全棉、涤棉（棉含量在 30% ~40%）、纯化纤等多种，其中以内外表层均使用 40 支以上全棉的产品为优，其柔软性、细洁度、透气性、光泽度均较好，而且洗涤后不会起球起毛，长期穿着也不会有衣物断丝、抽丝的现象。

2. 听声音。

老式保暖内衣是用在保暖内衬中加一层超薄热熔膜（俗称 PVC 塑料膜）的方式来增强抗风能力，但这种产品穿着时容易发出"沙沙"声，且透气性受影响，会有"燥热感"，易起静电。新一代保暖内衣产品，使用新材料、新工艺取代了热熔膜，基本上克服了上述缺点。选购时只需轻轻抖动或用手轻搓，听一下是否有"沙沙"声即可判别。

3. 测手感。

优质内衣在中间保温层使用超细纤维（直径在 1.2 丝以内）织造，成衣既柔软舒适又有良好的保暖性能，用手揉捏时，手感柔顺且无异物感。中间体的梳理、复合工艺也较先进，成衣表层和中间体的一体感强，穿着性能也更好。

4. 试弹性。

新一代保暖内衣正向保健、抗菌等多功能发展，更加注重开发符合人体曲线的当代审美观念的新产品，其中一大突破就是使保暖内衣具有优良的回弹性。这种内衣在面料和底料中均加入了莱卡，内衬芯层采用高弹性的高分子聚合物，虽然价格高于普通产品，但穿在身上，贴身感良好，没有臃肿感觉，各关节的活动也十分自如。

第二节 服饰搭配

服饰搭配是一个有效的省钱方法。学会服饰搭配的技巧，可以花最少的钱，穿最多款式的衣服，针对不同体型、不同服装进行搭配，可以达到既美丽时尚又经济省钱的效果。

 特殊体型与服装搭配

1. 瘦小者穿着的服装花型切忌太复杂，应着眼于简朴雅致、漂亮简单的花型。

2. 颈部较短者应选用低领圈服装，如"V"字领。

3. 宽肩者应选用套肩袖口窄而腋部宽大的款式，并采用"V"字领。

4. 窄肩者最好穿一字领款式的服装，这会使人产生肩部增宽的感觉。也可穿带肩绊的衬衫和夹克衫，下身可穿偏深的颜色，或全身穿同一色调的服装。

5. 斜肩者的弥补办法是尽量使肩部呈方形。尤其是上衣在肩头处打些皱，效果会更佳。

6. 身材矮，胸围偏大者，尽量穿设计简单，宽松合体的上装。小胸围者则应避免穿紧身上衣。可选用柔软的面料制作较宽的上装，也可在肩头抽裥。

7. 腰长腿短的人应避免穿长裆的裤子，应选择直裆短的款式，使腿部有增长的感觉；也可选全身统一色调的服装，以弥补腿短的缺点或把腰带系在略高于

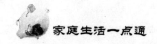

腰围线的部位，从而使人产生腿部较长的感觉。

8. 臀部大的人不要穿紧身裤子，应穿宽松的裤子和有皱褶的宽松上衣，以便转移人们对弱点的注意。略暗的衣服比颜色明亮的更为适宜。

 ## 包与服饰的搭配

1. 小包与服饰的搭配：

小包袋大多数是女士们随身携带的，内装钱包、化妆盒、钥匙、卫生纸等一些小东西。小包袋的款式品种繁多，有高档的牛皮包、猪皮包、羊皮包、鹿皮包，有亮皮的，也有反皮的，还有用各种布料制成的首饰小包。包的颜色大多是棕色、黑色、绿色，也有不少白色的包，这一类小皮包主要搭配一些女性感较强的套装、套裙。在色彩搭配上，包的颜色可与鞋的颜色相同，比如穿蓝白条上衣，下着蓝裙子，小包袋和鞋的颜色选用白色，看起来很清爽；也可以与服装的颜色相搭配，如穿米色服装可配棕色小包，穿冷色服装配灰、蓝色皮包。小包袋由于面积较小，所以包装最好选购做工精良的纯皮小包。

2. 大包与服装的搭配：

现在人们在日常生活中追求一种自然、轻松的气氛，休闲装便应运而生，与休闲装相配套的大包袋也就得到了人们的青睐。这种大的包袋大多在袋体内有便于装钱和票据的拉链小袋。包的颜色及造型也是各不相同，有双肩、单肩包、手提包等。格子布、帆布、花布与皮革随意组合，与红、黄、蓝色任意搭配，都可制成洒脱、无拘无束的休闲包，这类包与职业装、职业休闲服都可搭配出随意而典雅的风格。如外出旅行还可背上登山包，登山包体积很大，就像一个小旅馆，里面装上日常生活必需用品，非常方便。它的设计就像一个小型的双肩背包，有的腰上还有一个固定腰带，行走、登山都不易晃动，实用而方便；还有一种大型旅行包是手提包的版微缩，打开之后，里面存放旅行日用品的空间设计十分合理，这是行政人员出差旅行的最佳选择。

 ## 胖人穿衣巧用视觉效应

有人做过实验，看上去竖线比横线要长的两条线，用尺子量一量，两条线竟一样长。心理学家叫这种现象为"横竖错觉"。胖人如果穿上竖条纹的衣服，就会把人的注意力吸引到竖向的线条上，从而抵消了胖人横向的长度，使胖人看起来变苗条了。

由于明色调给人以发散的感觉，暗色调使人产生收缩的感觉，所以胖人应当穿深颜色服装，而不适宜穿浅色的，尤其是白色的衣服。

身材胖的人不宜穿质料厚重的衣服，如厚毛衣会使人显得臃肿。也不可选择过于宽松的款式，以薄型合体的服装为宜。另外，上衣应选择尖型领口和长过臀部的款式，下身则以直裤为最佳选择。

胖人如欲隐藏微凸的发胖肚子，应采用深色系列服装的搭配，如衬衣、毛衫、皮带、长裤、外衣皆为深色，而领部可以选择亮丽的领带、装饰花结和鲜艳的丝巾等，以吸引别人的视觉焦点。

 ## 曲线不足巧用衣装补

身材娇小者不宜穿大格子图案和宽松的长裙，因为大格子图案与宽松的长裙都会加宽人体，使人显得更加低矮。最好选择小花图案或单色的合体服装，窄裙或瘦长裤，都可使身材显得修长。

瘦人不要穿竖条纹服装，可以选择横向条纹的，或浅色服装。服装的款式以短上衣搭配百褶裙或八片裙、肥腿裤等为主，力求造成曲线美，而不致看上去像竹竿一样。

腿部较短的人，应以短上衣搭配背心裙，修正长度，最好不要选择裤装，且尽量采用高腰设计款式。而男士修正的办法是选择长上衣、窄腿裤，尽量掩饰腰部和臀部的位置。

腿部较粗的人，一定不要选择瘦窄的裤子或弹力裤，以免暴露缺点。长裙、肥腿裤加上半高跟或高跟鞋，可加长腿的长度，减弱腿型的缺点。

 ## 使身材修长苗条的穿衣窍门

衣服搭配得当，可以使好身材的人看上去更加高挑苗条，也能使身材差的人，看上去增高不少。

1. 上衣用浅色，下裙，裤子用深色。

2. 同色调的衣服，上衣应用料厚重。

3. 选择直身上衣，上衣衣袖不要太肥。

4. 别穿质地特硬的裙子，会看上去臃肿。

5. 脖子上加装饰或戴耳环，有助增高。

6. 衣服裙子选择竖条纹或细条纹，效果较好。

7. 线条集中在胸前，显得人较高。

8. 腿上丝袜用浅灰，浅黑色调，人显高。

 ## 巧配西装修饰体形

身材粗壮的男子最适合单排扣上装，但尺寸要合身，可以稍小些，这样能突出胸部的厚实感，但要注意掩饰腹部，应扣上纽扣。选用深色衣料，避免用浅色衣料。使用背带代替皮带可以使裤子保持自然，腰部不显突出，且不会使裤腰滑落。尖长领的直条纹衬衫是最合适的，但要系领带，这样别人不会注意你的腰围。

身材矮小的男士可穿间隔不太大的深底细条纹西装，这样看起来高些。不应穿对比鲜明的上衣和裤子。上装的长度稍微短一些可以使腿部显得长一点，上装宜选用长翻领和插袋。穿直条纹尖领衬衫，再系一条色彩鲜艳的普通领带，打一个基本款式的活结。最好穿裤线不明显的裤子。皮鞋更应厚一些，以增加高度。

身材高瘦型男士所穿西装的面料不宜用细条纹，否则会突出身材的缺点，格子图案是最佳选择。上装和裤子颜色对比鲜明，这要比穿整套西装好。

 ## 戴手套有讲究

选购手套时，大小尺码要适宜。太大达不到保暖效果，并使手指活动不便；太小使手部血液循环受阻，反而引起不适。

手套要固定自己使用，不随便乱戴别人的手套，以免传染皮肤病。例如疥疮、手癣等，都可以通过手套传染。多汗症的病人，冬天手部皮肤青紫，自觉湿冷，但手掌又易出汗，这些人的手套要选用棉织制品，既保暖又有良好的吸水性，并且可以常洗换。对于患有手足皲裂的人，冬天皲裂加重，由于手部天天需要擦药，最好戴双层手套，里层手套宜用薄织品，便于经常洗涤，有少数人对某种化学纤维皮肤过敏，应该避免使用这种材料做的手套。

小孩手小皮肤薄嫩，手套材料以柔软的棉绒、绒线，或者弹性尼龙制品为好。老年人血液循环较差，手足特别怕冷，皮肤也比较干燥，手套以轻软的毛皮、绒线、棉绒为宜。冬天骑自行车戴手套，不宜选用人造革、尼龙或者过厚的材料。因为冬季人造革易发硬、尼龙太滑，摩擦力小，骑车容易滑手，材料过厚致使手指活动不便，这些都不利于骑车安全。

第三节　服饰洗涤

服饰洗涤是一个很好的省钱方法。有的衣服染色、发黄，如果洗涤得当，可以让它们干净如新，不必为难洗的污渍破坏一件好衣服，有的衣服也不用拿到干洗店去洗，自己也能在家轻松搞定……学会服饰洗涤的技巧，不仅可以省下买新衣服的钱，还可以省去洗衣服的钱哟。

 ## 巧洗衣服上的笔印

首先将酒精倒在衣服上有笔印的地方，浓度不小于75%的医药用酒精。准备好大半盆水，接下来将两到三瓶盖的漂白水倒在清水中，稍做搅拌，之后再加少许的洗衣粉，这个量您可以自己掌握。之后再稍微搅拌几次，让洗衣粉能充分溶于水中。将衣服完全浸泡在水里，二十分钟后清洗衣服，一点印记也没有了！

 ## 衣服去黄的窍门

衣服会变黄，多半是荧光剂变弱所致，想要衣物恢复洁白亮丽，就得想法子。

1. 洗米水＋橘子皮简单又有效。

保留洗米水或是将橘子皮放入锅内加水烧煮后，将泛黄的衣服浸泡其中搓洗就可以轻松让衣服恢复洁白。不但简单，也不像市面贩售的荧光增白剂会对皮肤产生副作用，且不伤衣料，是值得一试的好方法。

2. 流汗产生的黄渍，用氨水去除。

流汗产生的汗渍，因为含有脂肪的汗液，容易在布质纤维内凝结，所以在洗涤时加入约 2 汤匙的氨水，浸泡几分钟后，搓洗一下，然后用清水洗净，依照一般的洗衣程序处理，就可以将黄色的汗渍去除。

3. 白色的衣服或浅颜色的衣服日久颜色会变黄，主要原因是人身体分泌的油脂，特别是聚酯面料的衣物，更易泛黄。另外还有洗涤时残留的肥渣滓（最明显的见于尾酮亚麻纤维），如果没有冲洗干净，会使衣服大面积变黄。

对于这一现象是有方法可以去掉的，例如在洗涤耐高温水洗的衣服时，大量地使用清洁剂。一个传统的办法是将泛黄的衣服在烈日下悬挂暴晒，但在此之前，应在泛黄处喷洒上新鲜的柠檬汁，再放些盐并轻轻地揉搓。

4. 如果白衣服放久了就会变得发黄，黄污渍成分主要是蛋白质，菠菜经过水煮后会释出可溶解蛋白质的成分。具体操作如下：

（1）买一把菠菜，经过热水滚烫后，菠菜捞起来只留下汤待用。

（2）将有黄污渍的地方放入菠菜水中搓揉，再浸泡 10 分钟。

（3）浸泡后捞起衣物，再以正常的洗衣程序洗净衣物。衣物就又会恢复洁白了。

巧洗染色衣服

在洗衣机里放入温水，启动洗衣机进行漂洗，加入 "84 消毒液"，半缸水加大约 1/3 瓶消毒液，溶解稀释，放入衣服，盖上机盖，漂洗大约 25 分钟，25 分钟后捞出衣物，衣服晾干后，就回复原来的颜色了。

如果想避免衣服不掉色，刚买回来的新衣服，必须在水里放些盐（一桶水一小匙）。注意：洗后要马上用清水漂洗干净，不要泡太久，不要在阳光下曝晒，阳光会使染料变性。

白衣服去斑

白背心穿久了会出现黑斑，可取鲜姜 2 两捣烂放锅内加 1 斤水煮沸，稍凉后倒入洗衣盆，浸泡白背心十分钟，再反复揉搓几遍，黑斑即可消除。

花色衣服越洗越鲜艳的窍门

要使花色衣服洗涤仍保持鲜艳，一个最简单易行的方法就是使用带有荧光增白剂的洗衣粉。

因为在这种洗衣粉中所含的荧光增白剂，实际上是一种荧光染料，它溶解于水后，会被衣物的纤维所吸附，不会被立即冲洗掉，而且能将光线中肉眼看不见的紫外线部分转为可见光。一般可见光的波长是 400～800 埃，而紫外线的波长是 300～400 埃。当荧光染料吸收紫外线后，即可转变成为波长为 400～500 埃的紫、蓝、青光。因此，用含有这类物质的洗衣粉洗完衣服后，就可以增加被洗衣物的白度。由于荧光增白剂可增加被洗衣物的白度和亮度，所以，即使花色衣服，洗涤后也会因紫外线转为可见光的补色作用而显得更加鲜艳夺目。

 去除汗、尿、血、呕吐渍的窍门

1. 汗渍：新染的汗渍可用 5%～10% 的食盐水浸泡 10 分钟，再擦上肥皂洗涤即可去除；陈旧的汗渍可用氨水 10 份、食盐 1 份、水 100 份配成的混合液浸泡搓洗，然后用清水漂净即可去除；白色织物上的汗渍可用 5% 的苏打溶液去除；毛线衣物上的汗渍可用柠檬酸液揩擦。去除衣物上的汗渍切忌用热水，这样只会使黄色汗渍加重。

2. 尿渍：洗涤尿渍可用食盐溶液浸泡去除。白色织物上的尿渍，可用 10% 的柠檬酸液润湿，1 小时后用水洗涤；有色织物上的尿渍，可用 15%～20% 的醋酸溶液湿润，1～2 小时后用清水洗涤即可除去。

3. 血渍。新鲜血渍可直接用冷水洗，再用加酶洗衣粉洗涤后即可除去。陈旧血渍可用 10% 的氨水揩拭，再用冷水洗涤，或用 10%～15% 的草酸溶液洗涤。用 2∶1∶20 的硼砂、氨水、水混合液揩拭，效果也很好。

4. 呕吐渍。用 10% 的氨水将污渍润湿、揩拭，然后用酒精或肥皂液洗净痕迹即可。

 手洗纯毛裤的窍门

洗纯毛裤不一定非去洗衣店，可以在家中洗涤，但需掌握必要技巧。纯毛裤

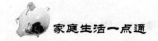

在家里洗涤最好用手洗，并采取如下步骤：

1. 在清水中浸泡，用手轻压，即可去除裤子上一部分表面的尘土。

2. 在40℃的温水中加入适合手洗的洗衣粉，用手轻压或揉搓。局部污渍程度较重的地方，可用刷子蘸洗衣皂刷洗，切勿剧烈揉搓。

3. 反复更换洁净的冷水，直到漂洗干净。

4. 将洗净的裤子用手从头至尾抓挤一遍，准备一条干燥的大浴巾平摊在桌上，将裤子平放在浴巾上，从裤脚起将浴巾与裤子一块卷起，累累压挤。这样可吸去裤中50%左右的水分，而裤子却没有多少皱褶。

5. 将吸过水的裤子用手抖几下后架起晾干。

6. 等裤子晒至未完全干时，用蒸汽熨斗熨烫定型。

巧洗领带

干洗领带时，可取药棉球蘸少许酒精或汽油，轻轻擦拭，可除污迹，然后垫上一块湿白布，用电熨斗熨烫。熨烫时的温度要由领带所使用的材料来决定。化纤织物熨时温度不可过高（70℃以下）；毛绸的温度可高一些（170℃以下）。

刷洗领带时，可用胶板纸或薄层胶合板按领带的尺寸做一个模型，把领带套在模型上面，用软毛刷蘸上洗涤剂对领带轻轻进行刷洗。然后再用清水漂刷干净（务必刷清）。洗完后晾一会，便可衬上一块白湿布用熨斗烫平。然后可撤下模型。如此，领带即不会变形，又平整如新了。

用水洗领带时，可将领带先放进30℃左右的温皂水中浸泡2～3分钟，用毛刷轻轻顺着领带纹路刷洗，不可用力硬刷，也不可任意揉搓，刷洗完要用同皂水一样温度的清水漂洗干净，之后再按上法进行熨烫。若水洗后的领带走了形，可将领带后面的缝线拆开，把领带的面料和衬布熨烫平整，然后按原样缝好即可。

巧除衣物上的油漆、沥青

1. 若沾上溶剂型漆（如永明漆、三宝漆等），应立即用布或棉团蘸上汽油、煤油或稀料擦洗，然后再用洗涤剂溶液洗净。若沾上水溶性漆（如水溶漆、乳胶漆）及家用内墙涂料，及时用水一洗即掉。

2. 污染上油漆或沥青，如时间不长，污物尚未凝固，可用松节油（或苯及汽油等）揉洗。旧渍（已凝固的），可先用乙醚和松节油（1∶1）的混合液浸泡，待污渍变软后（约10分钟），再用汽油或苯搓洗，最后用清水冲净。

3. 衣物沾上沥青，可先用小刀将沥青刮去，用四氯化碳（药房有售）略浸一会儿，或放在热水中揉洗即可除去。

4. 清除油漆或沥青等污渍，尚可用10%～20%的氨水（也可另加氨水一半的松节油）或用2%的硼砂溶液浸泡，待溶解后再洗涤。另一方法为浸入苯或甲苯内，浸溶再洗。

5. 若尼龙织物被油漆沾污，可先涂上猪油揉搓，然后用洗涤剂浸洗，清水漂净。

 防止衣服掉色的窍门

1. 酸洗法。需要原料：食用醋

此方法主要针对的是红色或是紫色等颜色鲜艳的纯棉衣服和针织品。方法是在洗涤这些衣服之前，往洗衣服的水中加上一些普通的醋泡上一会儿就可以了，但是醋的量不能太多，否则容易给浅色衣服染色。如果能够经常这样清洗衣服就可以保证衣服的颜色光洁如新。

2. 花露水清洗法。需要原料：花露水

此方法更适合棉织品和毛线织品，方法为先按照常规方法清洗衣服，衣服漂洗干净后，在清水中滴入几滴花露水，然后将清洗好的衣服浸泡在这样的水中十分钟。用这种方法清洗过的衣服还能起到消毒杀菌和去除汗味的作用。

3. 反晾法。

这个方法最为常用，尤其对一些深色衣服尤为有效。方法非常简单，就是把衣服反过来晾晒。这里要特别提醒您：大部分面料的衣服都不能被太阳直接照射，因为紫外线是衣服褪色的罪魁祸首。所以不仅要反过来晾晒，有条件的话尽量放在避光通风的地方将衣服晾干。

 巧洗羽绒服

先把羽绒服放在清水中浸透，再用冷水漂洗2次，然后，放入有洗衣粉的温水中，或者加有20～30克洗涤剂的温水中浸泡，浸泡10分钟后将衣服平铺在板

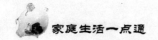

子上，按衣服的经纬丝方向，用软毛刷轻轻地刷洗，不要揉搓。

刷完后，再放入洗涤液中提起数次，最后拧去洗涤液，放在温水中漂洗。漂洗时，把衣服从水中提起数次（水温在40℃左右），用手反复拧一拧，把脏液挤出去，以防干后起圈发黄。衣服洗净后，用手拧去大部分水，再用毛巾裹起来继续拧干（用力不宜过猛），然后晾在阴凉通风处。

衣服晾干后，用藤拍在衣服上轻轻敲打，使羽绒蓬松，最后用软刷轻轻刷一遍，就可以穿了。

第四节　服饰保养

衣服的保养也是一门小学问，而且服饰不需要专人的保养，在日常生活中自己保养服饰不仅省时省力还省钱呢！

 夏季衣物巧收藏

冬储秋藏，随着夏天热烈的气息渐渐被秋意驱散，夏季衣物也该隐退到柜子里睡大觉了。细心的当家人不愿意明年孩子再穿裙子时少了扣子，或者丈夫最喜欢的真丝衬衣褪了颜色，她们在收藏夏装时是很费心思的。

许多有经验的主妇喜欢把孩子和大人的衣物分开收藏，因为孩子的东西零零散散，集中放在一起，下次取用时比较方便。收拾孩子的衣物，要特别注意检查一下衣物有没有破损、掉扣子等，如果有，要及时修补好。

无论收藏大人还是孩子的衣物，在收藏前都要做一些准备工作，比如柜子要清洁、衣物入箱前应晾干，熨烫过的衣服要等晾凉后再收存等。衣服上有金属饰物、金属纽扣的，摘下来另外收存比较好，免得氧化后损伤衣物。

夏天的衣物虽然大多轻薄易叠，但"脾气禀性"不一样，有的柔弱怕压，有的好浸染"邻居"，把它们一股脑儿堆在一起，可能会互相侵犯，所以在收藏时要把容易褪色、变色的衣物挑出来，用纸袋或塑料袋包好；针织衣衫用衣架挂起来容易变形，最好叠起来存放；丝质衣物怕压、易生皱又不好熨，它们理所当然要"踩"在棉麻、的确良等织物的上面。

如果是把夏季衣物集中收藏装箱，最好选择一个晴朗干燥的天气，这样可以减少湿气入箱。

 ## 巧使羊毛衣复原

羊毛衫穿着时间一长，便会缩短、变硬、失去弹性。这里介绍一个使羊毛衫恢复弹性的好方法：用干净的白毛巾把羊毛衫裹起来，放在电饭锅的蒸笼里，隔水蒸上 10 分钟后取出，用力抖动（但用力不能太大，否则羊毛衫纤维会拉直、变形），再将抖松的羊毛衫小心地拉成原来的样子，平放在薄板上（如有筛子更好可放在筛背上）、四周用衣夹夹住，晾在通风处即可。

 ## 晾晒衣服的窍门

1. 衣服最好不要在阳光下曝晒，应在阴凉通风处晾至半干时，再放到较弱的太阳光下晒干，以保护衣服的色泽和穿着寿命。

2. 晾晒衣服要注意风向。由于近年来城市空气污染严重，特别是靠近工厂区的下风处，空气中往往含有大量的粉尘，如果忽略了这一现象，就很容易使衣服沾上粉尘，影响穿着效果。

3. 晾晒衣服时不可将衣服拧得太干，而应带水晾晒，并用手将衣服的襟、领、袖等处拉平，这样晾晒干的衣服会保持平整，不起皱褶。

 ## 呢绒大衣的保养

具体方法：将呢绒大衣平铺在桌上，把一条较厚的毛巾在温水中（45℃左右）浸透后（不要拧得太干）放在呢绒大衣上，用手或细棍进行弹性拍打。使呢绒大衣服装内的脏土跑到热毛巾上，然后洗涤毛巾，这样反复几次即可，如有折痕可以熨烫。但要注意倒顺毛，一定要顺毛熨烫。最后将干净的衣服挂在通风处吹干。

 ## 去除皮鞋霉斑

皮鞋霉斑清除法：皮鞋放久了发霉时，可用软布蘸酒精加水（1∶1）溶液进行擦拭，然后放在通风处晾干。对发霉的皮包也可如此处理。

 毛绒倒伏还原有妙招

毛绒较长的衣服，长期存放后，毛绒常会倒伏，倒伏的毛绒恢复有妙法。先烧一锅开水，将毛绒的背面对着升腾的热气，用刷子轻梳毛线，随着热气的蒸腾，毛绒就会慢慢竖起来，恢复了原状。然后要挂在通风处阴干一会儿再穿或挂起来。若毛绒倒伏面积小，对着开水壶嘴正合适。

 皮革制品的养护

皮箱、皮衣、皮包及皮鞋都是皮革制品，皮毛制品有皮袄、皮毛大衣、皮帽和皮手套等。其养护要点如下：

1. 平时收藏应放在干燥的地方，放樟脑球防虫蛀。

2. 收藏前，应用防霉药水擦表面（市场有售）。

3. 已发霉，不能用湿布擦，应在太阳下晒一会儿，皮件干燥后用刷子刷，然后用软布揩干净。

4. 穿皮衣、用皮件应注意革面清洁，掉色应及时固色。

5. 皮毛制品应避免烟熏，以防止变质。

 布鞋的耐穿窍门

布鞋轻便，透气，深受老年人的喜爱，但鞋底不耐磨，边沿也容易坏，您若掌握下面选购和使用方法，布鞋会耐穿经用得多。

1. 选购布鞋或自己制作布鞋时，鞋底靠近边沿的地方要密而匀。

2. 新鞋在穿之前，可用油漆刷在鞋底或边沿上，鞋底刷 3 遍，鞋沿刷 5 遍，油漆干后用蜡反复涂擦鞋底和鞋沿，直至发亮为止，这样处理的鞋，十分耐穿。

3. 布鞋不能穿得太脏，少洗多拍灰。

4. 穿过一段时间放在太阳下晒一晒，使鞋子干燥。

5. 脚汗多的人，在鞋内垫上鞋垫。

6. 将布鞋加钉胶掌或涂一层桐油，耐穿且不易透水受潮。

第二章 饮食篇——健康实惠有诀窍

古人云"民以食为天"，可见吃饭是我们生活中非常重要的一个环节。但是如何才能吃得健康，吃得实惠呢？那就需要掌握一些饮食的省钱诀窍。

第一节　食品选购

在食品选购方面，消费者不具备专业的知识，很容易买到假冒伪劣的商品，浪费钱不说，还容易吃坏身体，引发疾病。因此，掌握一些食品选购的方法不仅省钱还能保证食品的安全呢！

 巧识香油是否掺假

1. 看颜色。

颜色淡红或红中带黄为正品。机榨香油比小磨香油颜色淡。如颜色黑红或深黄，则可能掺进了棉子油或菜子油。

2. 看变化。

香油在日光下清晰透明，如掺进凉水，在光照下则不透明，如果掺水过多，香油还会分层并容易沉淀变质。

 怎样鉴别面粉质量的好坏

面粉是由小麦磨制而成，一般有标准粉和富强粉之分。

鉴别面粉质量好坏可采取"看、闻、捏、捻"的方法。

1. 看。

精度高的富强粉，色泽白净；标准粉为稍带淡黄的白色；质量差的面粉则色泽较深。

2. 闻。

质量好的面粉略带香甜味；凡有霉味、酸苦味、土气味及臭气等，均为质量较差的面粉。

3. 捏。

用手抓一把面粉使劲一捏，松开手后，面粉随之散开，说明含水量正常；如面粉不散开，则说明含水量大。

4. 捻。

捻搓面粉，如有绵软的感觉，说明质量好；如果感觉过分光滑，则说明质量较差。

掺假面粉主要是指往面粉中掺入大白粉、石膏、滑石粉等，一般感官方法不易鉴别，但可用简易的化学方法测定灰粉含量，如果灰粉超过 1.6%（一般平均为 1.0%），就可算出灰粉中掺入的杂质重量。

有的面粉中加了荧光增白剂，这种增白剂对人健康是有害的，只要把面粉放到紫外光灯下照射，含有荧光增白剂的面粉可显示出蓝紫色荧光，而正常面粉无此现象。

有人在面食（主要是馒头）上做手脚，为增白采用硫黄熏、和面时掺硫黄的方式，或者和面时加洗衣粉。这种面食外观上好看，但对人体的健康十分有害。如果馒头白得出奇，而且表皮光亮，用手搓易碎，吃起来有一种香味，这种馒头可能用漂白粉或硫黄处理过，仔细闻可以嗅到硫黄气味或漂白粉气味。

 大米的质量鉴别

大米主要是指早籼米（机米）、晚籼米、早粳米、晚粳米、糯米等。

一些不法商贩常常以陈米充新米。用劣质大米做饭不但味道很差，而且对人体健康不利。如何识别大米优劣是每个居民应知道的事。

1. 优质大米。

米粒饱满、洁净、有光泽、纵沟较浅，掰开米粒其断面呈半透明白色。闻之有清新气味，蒸熟后米粒油亮，有嚼劲，气味香。

2. 劣质大米。

米粒不充实、瘦小、纵沟较深、无光泽，掰开米粒断面残留褐色或灰白色。发霉的米粒多呈绿色、黄色、灰褐色、赤褐色，且光泽差、组织疏松，有霉味或其他异味。吃起来口味淡，粗糙，黏度也小。

3. 新米。

颗粒整齐，无混杂品种，外观光泽油润，粒质晶莹透明，硬度好，米的加工精度均匀，米中无砂石、稗子、糠粉、稻谷及碎米，并有新收获稻米的清香。由于新收获稻谷水分较高，加工成的大米含水量高，有些新大米用手插入米内有滞涩潮冷的感觉，不似陈米捏起来如散沙。

4. 陈米。

陈稻新碾的大米，俗称"陈谷新"，这种大米外观极似新米，但因稻谷经过夏天高温季节后，水分相对较低，米质虽未老化，但口感不如新米，无新米的清香味。还有一种"脱皮"陈米，这种米与新米颜色一样，但颗粒较小，放到嘴里咬不易碎。捧起大米闻一闻气味是否正常，如有发霉的气味说明是陈米。另外，看米粒中是否有虫蚀粒，如果有虫蚀粒和虫尸的也说明是陈米。

还可以从以下几方面来"看"大米的优劣：

1. 看腹白。

大米腹部常有一个不透明的白斑，白斑在大米粒中心的部分称为"心白"，在外腹的部分称"外白"。腹白部分蛋白质含量较低，含淀粉较多。腹白大的是稻谷不够成熟，或者含水量过高。

2. 看爆腰。

爆腰是由于大米在干燥过程中发生急热，米粒内外收缩失去平衡造成的横裂纹。爆腰米煮时外烂里生，营养价值降低。所以，选米时要仔细观察米粒表面，如果米粒上出现一条或多条横裂纹，就说明是爆腰米。

3. 看硬度。

大米粒硬度主要是由蛋白质的含量多寡决定的，米的硬度越强，蛋白质含量越高，透明度也越高。一般新米比陈米硬，水分低的米比水分高的米硬，晚米比早米硬。

4: 看黄粒。

米粒变黄是由于大米中某些营养成分在一定的条件下发生了化学反应，或者是由米粒中微生物引起的。这些黄粒米香味和食味都较差，所以选购时，必须观察黄粒米的多少。另外，大米中含"死青"粒较多的，米的质量也较差。

 各类植物油的鉴别

高级烹调油和色拉油属高级食用油，都有包装，色泽透明，无腥辣气味和异味，加温时烟极少。

各类食用油主要感官特点如下：

1. 花生油。

依精炼程度不同，有乳白色、浅黄色和橙黄色，清亮透明，有花生清香气味；冬天低温下易冻结，稍加热即可溶解，澄清透明。

2. 豆油。

多为浅黄色或棕色，有特殊豆腥味，加热时有泡沫出现。

3. 菜籽油。

为金黄色或棕黄色，芥菜子油有辛辣气味。

4. 棉籽油。

因精炼程度不同，有毛棉油、卫生油、棉清油三种。毛棉油为黑褐色或褐红色。卫生油为浅黄色到深黄色，有碱味，新油的碱味显著，且不如陈油清亮透明。棉清油为浅黄色或黄色，澄清透明。

5. 香油。

因加工设备不同分芝麻油和小磨香油两种。芝麻油为浅黄、黄色或棕红色，新油有芝麻香味，热后香味更显著，口感也滑腻。小磨香油香味比芝麻油浓郁，呈深红色。

6. 米糠油。

浅黄色，清澈透明，黏度小，气味芳香。

7. 茶油。

金黄色或深黄色，有特殊清香味。

8. 玉米油。

橙黄色，不透明，有新鲜玉米清香味，口感淡雅。

9. 葵花子油。

浅黄色或青黄色，清亮透明，气味芬芳，滋味纯正，即使在寒冬仍然为澄清透明的液体。

 鲜肉的质量鉴别

新鲜肉（包括猪、牛、羊、兔、狗、马肉等），应是肌肉有光泽、红色均匀、脂肪洁白（牛、羊、兔肉或为淡黄色），表面清洁、滋润，新切表面微呈湿润、不发黏；指压肌肉后的凹陷处立即恢复；具有正常香气；肉汤清澈透明，油

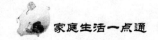
脂团聚于汤的表面，具有香味。

1. 一般劣质肉。

肉表面过度干燥或过度湿润，发黏，在切面放一滤纸能吸附大量水分，手触切面感觉很黏、很湿。肉色发灰或灰绿色，新切面呈暗色、淡灰绿色或黑色；手按压后不能复原，甚至有明显的腐败气味，脂肪呈乌灰色，有酸败或明显的哈喇味。

2. 母猪肉。

皮软厚，皮面上毛孔大，肩臂部皮上有如米粒般的凹空（砂眼），小腿部皮多皱褶，乳头长、大。脂肪呈青白色，坚硬没有弹性，用手摇动时有"嘎吱"声；有的母猪皮与皮下脂肪间有一薄层脂肪呈粉红色，即所谓"红线"。

3. 公猪肉。

皮粗糙厚硬，毛孔大，刀切脂肪阻力较大，切开后可见脂肪颗粒粗大，肌纤维粗糙，有的有特异刺鼻的臊臭气，久煮不烂。

广大消费者在选购猪肉时，对于白条猪，先看皮肤和放血程度。凡是皮肤发红，出血或针点状出血、枕块形出血，有丘疹、水疱的是病猪。病猪一般放血不良，肌肉颜色发暗，呈暗红色，肋骨间血管充满黑蓝色凝血。再看胸、腹膜，正常猪的胸、腹膜，色泽新鲜光滑，无粗糙感；病猪胸、腹膜上有出血点，甚至腹膜下的毛细血管呈红黑色血管网，胸膜粘连，上面有纤维状附着物。

 怎样鉴别注水鲜肉

市场上有的商贩为了多赚钱，向猪牛羊鲜肉（下称鲜肉）里注盐水、矾水，以增加重量。据测定，每100千克鲜猪肉注水可达5~10千克，鲜牛肉注水可达10~20千克，鲜羊肉注水达5千克左右。一般凉爽和寒冷的季节注的水多，尤其是元旦和春节前后往往是注水的高峰期。从品种上讲，鲜肉注水比冻肉多，牛羊肉注水的现象比较普遍。从部位上看，注水量多的是前腿肉、里脊肉、后腿肉，五花肉次之，肥肉里难以注水。其鉴别方法是：

1. 眼看。

正常鲜肉外表呈风干状，瘦肉组织紧密，表面色稍发乌。注水肉表面看上去丰满，有水淋状，表面颜色较淡；而注了盐水的肉，色泽鲜艳。

2. 刀切。

顺着肌肉纤维切几刀就会发现，正常肉富有弹性，刀切面合拢后无明显痕迹；注水肉弹性差，刀切面合拢后有明显痕迹，像肿胀一样。

3. 纸试。

在瘦肉处切一刀，将吸水纸贴上，正常肉上的纸没有明显浸润或稍有浸润，注水肉上的纸有明显浸润。为了提高鉴别的准确性，可再进行一次，即取下第一次贴上的纸，立即再贴上一张。正常肉上的纸基本上没有浸润，注水肉上的纸仍有明显浸润，而且多呈点状。

注入盐水肉的鉴别法：盐水与肉中蛋白接触，能溶解细胞内的蛋白并从细胞中把蛋白析出，形成黏性物质并保住水分不溢出。注了盐水的肉，看起来极像正常的肉，其隐蔽性、欺骗性很大。鉴别方法除眼看外，可取瘦肉 100 克，切成小块加水 100 克，煮熟品尝，有咸味即为注盐水肉。

怎样鉴别羊肉质量的优劣

羊肉质量的优劣，主要从色泽、弹性、黏度和气味上鉴别。

1. 新鲜羊肉。

肌肉有光泽且富有弹性，色泽红润均匀，肉质实而细，脂肪色白或呈微淡黄色，外表干或微湿润，不粘手，无臭味或异味。

2. 不新鲜羊肉。

肉色暗淡，外表发柴或粘手，肉质松弛无弹性，能嗅出氨味或酸味。

3. 变质羊肉。

肌肉无光泽，脂肪已发绿或暗灰，外表极度干燥或粘手，肌肉的切面发黏无弹性，手指压迫后凹陷不复原，有臭味或腐败气味。

如果羊肉的肌肉色泽暗红，有青紫色的死斑，脂肪暗红，血管中有紫红色的淤血现象，表面放血不净，很可能是死后屠宰的。这种羊肉不宜购买，以防食后中毒。

老羊肉肉色深红，肉质较粗；小羊肉肉色浅红，肉质实而细，富有弹性。此

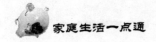

外，羊肉依不同部位按质论价，一般是上脑、腰窝、三叉、摩裆和元宝肉为一级；脖子肉、腱子肉、肚囊肉等为二级。

 怎样鉴别禽肉的新鲜度

检验禽肉的新鲜度，大致有以下几种方法。

1. 眼看。

主要观察暴露部分的形态、色泽、皮肤、肌肉有无病变，脂肪有无异常，也可以进一步检查内脏器官。

2. 鼻嗅。

禽肉如果变质，或在生前经过药物治疗往往有特殊气味，可以用嗅觉来判断。方法如下：

将待检的禽肉切成小块，放在存有清水的烧杯或试管中，加盖加热烧煮，然后启盖嗅味，即可鉴别。也可用尖的木针，从翅下插入胸腔，拔出以后立即嗅味进行判断。

3. 手摸。

测定肌肉的硬度、弹性，以及体表的黏性等。

此外，仔细检查以下几个部位，也可分辨出禽肉是否新鲜。

1. 新鲜的禽肉。

（1）嘴：有光泽，干燥，无黏液，无异味。

（2）口腔：黏膜色泽正常，呈淡玫瑰色，有光泽，洁净，无异味。

（3）眼睛：充满整个眼窝，角膜有光泽。

（4）皮肤：毛孔呈火山口隆起，表皮干燥，紧缩，呈乳白色或淡黄色，稍带微红，无异味。

（5）脂肪：呈淡黄色或黄色，无异常气味，结实富有弹性，无光泽。

（6）肌肉：颈、腿部肌肉呈玫瑰红色，胸肌为白中微红。

2. 腐败变质的禽肉

（1）嘴：暗淡无光，角质软化，潮湿有黏液，有腐败的气味。

（2）口腔：黏膜上有黏液层，呈灰色，常有斑点，有腐败气味。

（3）眼睛：眼球下陷，有黏液，角膜暗淡。

（4）皮肤：毛孔平坦，皮肤松弛，表皮湿润发黏，色变暗，常呈污染态或淡紫铜色，有发霉味或腐败味。

（5）脂肪：色暗淡发灰，有时发绿，发黏，有腐败气味，肉质松散，潮湿发黏变色。

（6）肌肉：暗红，发灰，常带灰绿色，松软无弹性，有明显腐败气味。

怎样鉴别优质鲜鱼

鲜鱼是指活鱼死后未经冷冻而使用冰水保鲜的鱼。

质量上乘的鲜鱼，眼睛光亮透明，眼球凸出，鱼鳞光亮、整洁、紧贴鱼体，口鳃紧闭，鳃呈鲜红或紫红色，无异味，肛门紧缩、清洁、苍白或淡粉色，腹部发白、不膨胀，鱼体挺而不软，弯度小，有弹性。

鱼眼混浊，眼球下陷，脱鳞，口鳃张开，鳃色污秽色暗，肉体松软，肉骨分离，鱼刺外露，腹腔内有血水或异味，属不新鲜的劣质鱼。

如何判别冻鱼虾的质量

1. 用鼻子闻。

夹有腐败变质鱼虾的冻品仍会散发出腐败的异味，而优质的冻鱼虾则没有这种异味，一闻便可知晓。

2. 观察。

变质鱼虾在冻成块后，或多或少会有血污和黏液析出在冻块底部，形成暗色的冰晶。遇到这种冻鱼虾，就不能购买。冻鱼虾的眼睛是反映冻品质量优劣的窗口。优质鱼虾色泽鲜明，眼睛晶亮饱满；变质鱼虾色泽暗，眼睛混浊发糊、凹陷。不过有少数几种海产鱼，如红目鱼等眼睛本来就是红的，应注意区别。大多数鱼的胸腹部皮肤是白色的，当变质腐败时，白色的鱼肚上会出现褐绿色。优质的冻虾甲壳光泽润和，变质的冻虾甲壳变红发黄，虾头呈褐黑色。

3. 凿洞辨质。

鱼的腐败通常从鱼的鳃、眼睛和肠道三处开始，进而向其他部位发展。鱼冻结后，外表被冰包裹，鱼腐败分解生成的异味气体淤积在鳃盖下和头骨孔隙处，因此辨别鱼是否变质可在眼鳃和头骨形成的三角区凿一小洞，若从中闻到异味，说明冻鱼变质；若无，说明鱼的质量良好。

怎样鉴别鲜蛋的好坏

新鲜蛋的表面有一层光亮的胶质膜，呈白色霜样。蛋壳完整、坚实、无裂纹，气室很小，高度在4~5毫米。蛋破壳后置于盘中，浓厚蛋白凸起明显，蛋黄完整，位于蛋的中心，蛋黄膜富有弹性，呈球形。

上集市买鸡蛋、鸭蛋时，可用以下方法鉴别其好坏：

1. 看颜色和光泽。

好的鲜蛋蛋壳粗糙，壳上有层霜状粉末，没有裂纹，色泽鲜明清洁；受过雨淋或受潮发霉的蛋，外壳有黑斑；臭蛋的外壳发乌，常有油渍。

2. 听声音。

将蛋夹在两指之间，靠近耳朵轻轻摇晃。好蛋声音实，贴壳蛋、臭蛋像瓦碴子声响，空头大的蛋有空头声，裂纹蛋有"啦啦"声。还可把三四个蛋放在手里相互轻轻撞击，发出清脆的咔声，掂着沉甸甸的为鲜蛋；如果响声空洞，掂起来感觉轻飘或内容物动荡的为陈蛋；如果声音沙哑，蛋壳表面可能有肉眼看不到的裂纹。

3. 日光或灯光透视。

用较硬的纸一张，卷成圆筒，用太阳光或灯光照蛋：蛋内完全透光，无任何斑点或斑块，整只蛋看不到蛋黄、呈橘红色的是鲜蛋；

虽看到蛋黄，但蛋黄没有搭在壳上的，质量尚好；蛋黄搭在壳上，是搭壳蛋；蛋黄略有散开的为串黄蛋；如呈灰黑色或黑色，除气室外完全不透光，蛋白、蛋黄混浊不清，则是臭蛋。

怎样鉴别松花蛋的优劣

松花蛋的质量鉴别主要通过下列方法：

1. 看皮色。

剥去松花蛋外敷的泥料，观察蛋的外壳，蛋壳完整，色呈灰白，无黑斑者为优质；蛋壳如有裂纹，质量会受到影响，因为裂纹蛋在浸泡过程中进碱过多，影响蛋白的凝固和口味，出缸后，细菌也容易侵入蛋内，成为臭蛋。

2. 手掂。

将松花蛋放在手掌中，抛起，接住，用手轻掂，感觉颤动大的则为优质蛋，无颤动的则质量差。

3. 摇动。

手执松花蛋放在耳边摇动，品质好的无响声，品质差的有响声，声音越大品质越差。

咸鸭蛋的质量鉴别

1. 生咸鸭蛋。

（1）优质：蛋完整，无破损，蛋白清晰透明，蛋黄完好居中。

（2）劣质：蛋壳严重破损，蛋黄有较重溶解现象，黄白相混，蛋白混浊，发臭，有难闻的气味。

2. 熟咸鸭蛋。

（1）优质：蛋白呈白色略带青色，柔软而有光泽；蛋黄膜完好，结实呈球状，色红或橘黄，有油，具特异香味。

（2）劣质：蛋白呈灰色或黄色，有凝结块或小气泡；蛋黄有严重溶解现象，色黄或黑，具有臭气或难闻的气味。

真假碘盐的辨别

国家规定，在碘缺乏地区应全部供应加碘食盐。碘盐中添加的药剂一般是碘化钾或碘酸钾。识别真假碘盐的方法如下：

1. 看包装。

精制碘盐用聚乙烯塑料袋包装，加印有"加碘"或"加碘盐"字样，并标明生产单位、出厂日期，其字迹清晰，手搓不掉。袋质较厚或有覆膜，封口整齐、严密。假碘盐无上述特征，或所印"加碘"、"加碘盐"字样手搓即掉，未标明厂家和出厂日期，包装简单、不严密，封口不整齐。

2. 看颜色。

精制碘盐外观色泽洁白。假冒碘盐外观异色，或淡黄色，或暗黑色，不够干爽，易潮。

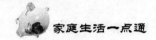

3. 手捏、鼻闻、口尝。

精制碘盐用手抓捏较松散，颗粒均匀，无臭味，咸味纯正。假碘盐手捏成团，不易散；或因掺有工业含碘废渣，带有硝酸铵等含铵物质，因而有氨味，口尝咸中带苦涩味。

4. 淀粉显色试验。

将盐撒在淀粉溶液或切开的马铃薯切面上，如显出蓝色，是真碘盐，色浅则含碘少，色深则含碘多；如无颜色反应，则是非碘盐。

5. 过秤辨别。

精制碘盐符合国家计量标准，重量可靠，与商标标示一致。假冒、劣质碘盐都是私人土法生产，偷工减料，一般斤两不足。

酱油真伪的识别

1. 色泽。

真酱油在白色背景下观察是红褐色的，澄清无悬浮物，无霉花浮膜，无沉淀混浊。倒在碗里有一定的浓度，碗壁挂色。伪劣品色泽发乌，混浊，淡薄，附在碗壁上的时间短，碗壁不挂色，炒菜不上色，有的可见沉淀物或霉花浮膜（长一层白皮）。

2. 气味。

真酱油发出酱香气，无焦腐味；假冒、劣质品常有焦苦味、糖稀味，或香气不纯，或无香味。

3. 味道。

真酱油有鲜美的酱味和淡淡的甜味，醇厚柔和，回味悠长；假的只有咸味，无鲜味，甚至有酸、涩等异味。

4. 搅拌检查。

优质酱油含较多的有机质，用筷子搅拌可起多量泡沫，经久不散；伪劣品由于可溶性固形物、氨基酸含量少，搅拌后泡沫少，一摇就散。

5. 包装。

真酱油袋上或瓶上字迹清楚整齐，而假冒酱油的瓶或袋上字迹模糊，用手一擦即掉。真瓶装酱油标签上有生产厂名、厂址，标明容量和无盐固形物、食盐和氨基酸态氮的含量以及生产日期、保质期等。如果没有这些标志，或缺乏其中某些项目，都是非优质品，甚至是伪劣品。

怎样鉴别醋的质量优劣

醋是以大米为原料，经过酿制而成的。它营养丰富，除含有1%～5%的醋酸外，还含有氨基酸、乳酸、糖、蛋白质、脂肪和多种维生素。我国生产醋的地区很多，醋的种类和风味也很多，其中最著名的有镇江米醋、山西老陈醋等。

醋的优劣可以用以下方法鉴别。

1. 观察颜色。

质量好的醋，具有应有色泽（如熏醋为棕红色或褐色，白醋为无色透明），澄清，没有悬浮杂质、沉淀物或混浊现象。质量差的醋，颜色深或偏浅，不透明，静放一会儿会出现沉淀物。

2. 闻味。

质量好的醋除了闻到醋味以外，还可以闻到明显的醋香味，一般醋香味越浓，质量越好。

3. 口尝。

用筷子沾一点醋，用舌尖品尝，若酸度适中且微带甜味，入喉不刺激，口中留香经久不散，则为优等醋；若入口后仅留有酸味而没有醋香味，说明醋的质量较差；如果醋失去了原有的香味或改变了原有的酸味，说明醋已变质，不宜食用。

如何识别香菇的优劣

市场上供应的香菇，是鲜菇经过烤制后的干品。按其生产季节分冬菇和春菇；按其形状、特点和质地分花菇、厚菇和平菇。

1. 花菇。

是香菇中质量最好的一个品种，因其顶面有花纹而得名。花菇的顶面呈淡黑色，花纹开暴花、白花，菇底褶用炭火烘烤加工后呈淡黄色，肉质肥美鲜嫩，香气清雅，食之脆而爽口。

2. 厚菇。

质地略次于花菇。厚菇顶面呈黑色，菇底褶为淡黄色，肉质比较厚，质地亦细嫩，食之也爽口、鲜美，食法与花菇相似，但两者相比，厚菇在口感等方面稍逊于花菇。

3. 平菇。

是质量最差的一个品种，因为它是在挑选花菇和厚菇之后剩下的余料，全部伞开或大半个伞开，大小不均，菇底褶较粗疏，色泽较深，其肉质较薄、较老，用其配菜，味道尚可。

 ## 怎样鉴别掺假木耳

鉴别木耳是否掺假，可先听听响声，然后观察其色泽、组织状态，再品尝一下味道。

双手捧起一把木耳，上下翻动，如发出干脆的"沙沙"声时，即是真货；反之，质次货劣。正常的木耳里面呈褐色或黑色，平滑，外面呈淡褐色，且有柔软短毛，组织纹理清晰，品尝无杂味；掺假木耳往往内外发黑，质地酥松，发生潮解，有黏结现象，组织纹理也不清晰，品尝有甜味或苦涩味。地衣等冒牌货则黑中带绿，叶片薄小，牙嚼品味，有腥味或青草气味。

食用前的泡发过程也可以鉴别。正常木耳浸泡后为淡黄色，胀发性强，色泽较淡，肉质肥厚弹性强，表面有滑润的黏液；掺假木耳颜色是红糖色或无色，胀发性差，肉质软而无力，并可能有糟烂现象。

 ## 怎样鉴别鲜奶的质量

1. 颜色呈乳白色的是鲜牛奶；色泽微黄、奶上有水状物的是陈奶。
2. 在盛水的碗内，滴几滴牛奶，奶汁凝固沉淀为好，散开的欠佳。
3. 尝起来味道鲜而甜，是好奶；有苦味或异味的是坏奶。
4. 煮开后，表面结有一层奶皮（乳脂）的是好奶；表面呈豆腐花状的是坏奶。

 ## 怎样鉴别新茶与陈茶

第一，可以根据茶叶的色泽分辨陈茶与新茶。绿茶色泽青翠碧绿，汤色黄绿明亮；红茶色泽乌润，汤色红橙泛亮，是新茶的标志。茶在贮藏过程中，由于构成茶叶色泽的一些物质，会在光、气、热的作用下，发生缓慢分解或氧化，如绿茶中的叶绿素分解、氧化，会使绿茶色泽变得枯灰无光，而茶褐素的增加，则会使绿茶汤色变得黄褐不清，失去了原有的新鲜色泽；红茶贮存时间长，茶叶中的茶多酚产生氧化缩合，会使色泽变得灰暗，而茶褐素的增多，也会使汤色变得混浊不清，同样会失去新红茶的鲜活感。

第二，可从香气上分辨新茶与陈茶。科学分析表明，构成茶叶香气的成分有300多种，主要是醇类、酯类、醛类等物质。它们在茶叶贮藏过程中，既能不断挥发，又会缓慢氧化。因此，随着时间的延长，茶叶的香气就会由高变低，香型就会由新茶时的清香馥郁而变得低闷混浊。

第三，还可从茶叶的滋味去分辨新茶与陈茶。因为在贮藏过程中，茶叶中的酚类化合物、氨基酸、维生素等构成滋味的物质，有的分解挥发，有的缩合成不溶于水的物质，从而使可溶于茶汤中的有效滋味物质减少。因此，不管何种茶类，大凡新茶的滋味都醇厚鲜爽，而陈茶却显得淡而不爽。

真假十大名茶鉴别方法

1. 西湖龙井。

产于浙江杭州西湖区，茶叶为扁形，叶细嫩，条形整齐，宽度一致，为绿黄色，手感光滑，一芽一叶或二叶；芽长于叶，一般长3厘米以下，芽叶均匀成朵，不带夹蒂、碎片，小巧玲珑。龙井茶味道清香，假冒龙井茶则多是青草味，夹蒂较多，手感不光滑。

2. 碧螺春。

产于江苏吴县太湖的洞庭山碧螺峰。银芽显露，一芽一叶，茶叶总长度为1.5厘米，每500克有5.8万~7万个芽头，芽为白豪卷曲形，叶为卷曲清绿色，叶底幼嫩，均匀明亮。假的为一芽二叶，芽叶长度不齐，呈黄色。

3. 信阳毛尖。

产于河南信阳车云山。其外形条索紧细、圆、光、直，银绿隐翠，内质香气新鲜，叶底嫩绿匀整，清黑色，一般一芽一叶或一芽二叶，假的为卷曲形，叶片发黄。

4. 君山银针。

产于湖南岳阳君山。由未展开的肥嫩芽头制成，芽头肥壮挺直、匀齐，满披

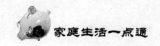

茸毛，色泽金黄光亮，香气清鲜，茶色浅黄，味甜爽，冲泡看起来芽尖冲向水面，悬空竖立，然后徐徐下沉杯底，形如群笋出土，又像银刀直立。假银针为青草味，泡后银针不能竖立。

5. 六安瓜片。

产于安徽六安和金寨两县的齐云山。其外形平展，每一片不带芽和茎梗，叶呈绿色光润，微向上重叠，形似瓜子，内质香气清高，水色碧绿，滋味回甜，叶底厚实明亮。假的则味道较苦，色比较黄。

6. 黄山毛峰。

产于安徽歙县黄山。其外形细嫩稍卷曲，芽肥壮、匀齐，有锋毫，形状有点像"雀舌"，叶呈金黄色；色泽嫩绿油润，香气清鲜，水色清澈、杏黄、明亮，味醇厚、回甘，叶底芽叶成朵，厚实鲜艳。假茶呈土黄，味苦，叶底不成朵。

7. 祁门红茶。

产于安徽祁门县。茶颜色为棕红色，切成 0.6~0.8 厘米，味道浓厚，强烈醇和、鲜爽。假茶一般带有人工色素，味苦涩、淡薄，条叶形状不齐。

8. 都匀毛尖。

产于贵州都匀县。茶叶嫩绿匀齐，细小短薄，一芽一叶初展，形似雀舌，长 2~2.5 厘米，外形条索紧细、卷曲，毫毛显露，色泽绿润，内质香气清嫩、新鲜、回甜，水色清澈，叶底嫩绿匀齐。假茶叶底不匀，味苦。

9. 铁观音。

产于福建安溪县。叶体沉重如铁，形美如观音，多呈螺旋形，色泽砂绿，光润，绿蒂，具有天然兰花香，汤色清澈金黄，味醇厚甜美，入口微苦，立即转甜，耐冲泡，叶底开展，青绿红边，肥厚明亮，每颗茶都带茶枝，假茶叶形长而薄，条索较粗，无青翠红边，叶泡三遍后便无香味。

10. 武夷岩茶。

产于福建崇安县。外形条索肥壮、紧结、匀整，带扭曲条形，俗称"蜻蜓头"，叶背起蛙皮状砂粒，俗称"蛤蟆背"，内质香气馥郁、隽永，滋味醇厚回苦，润滑爽口，汤色橙黄，清澈艳丽，叶底匀亮，边缘朱红或起红点，中央叶肉黄绿色，叶脉浅黄色，耐泡6~8次，假茶开始味淡，欠韵味，色泽枯暗。

饮料真伪的识别

1. 查看生产日期。

正宗饮料的瓶盖上都打印有清晰可见的生产时间，且精确到分钟，而伪劣饮料的瓶盖往往是重复使用的，生产日期模糊不清，且同一箱中有不同的生产日期。这是一个重要的识别标志。因为正宗饮料的灌装流水线每分钟灌装 500 瓶左右，所以同一箱饮料瓶盖上的生产时间最多也只差 1 分钟。

2. 查看瓶身。

正宗饮料的玻璃瓶每次进厂后都进行多次清洗和消毒，瓶身清洁无油腻且光亮透明。伪劣饮料的玻璃瓶因未严格清洗消毒，瓶身往往比较脏，且有油腻黏手的感觉。

3. 查看瓶内液面。

正宗饮料的液面往往整齐划一，误差极小。伪劣饮料多为人工灌装，瓶内饮料液面高低不一，误差较大。

4. 查看瓶内液体。

正宗饮料液体清纯，无杂物，无沉淀。伪劣饮料因生产环境、卫生水平差，液体混浊，有沉淀物，甚至有明显杂物掉入其中。

碳酸饮料的质量识别

碳酸饮料，是指在适于饮用的水中压入二氧化碳气体，并添加了甜味剂、酸味剂和香料等制成的饮用品。碳酸饮料因含有二氧化碳，故有清凉作用，又名清凉饮料。其品种类别有果汁型、果味型、可乐型、其他型（乳饮料和充气的植物蛋白饮料）。

汽水中的二氧化碳含量多少是质量好坏的重要标志。原轻工业部规定：果味汽水中二氧化碳含量在标准状态下，要相当于汽水体积 3 倍以上。二氧化碳的作用：一是清凉。碳酸喝入腹中，温度升高，压力降低，而这个分解作用是吸热反应，二氧化碳从体内排出，带出体内热量，使人感到清凉。二是阻碍微生物生长。二氧化碳能杀死嗜氧微生物，并且汽水中压力能抑制微生物生长，国际上公认 3.5～4 倍的含气量是汽水安全区。三是带出香味，增强风味。四是有舒服的"杀口感"。

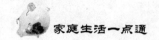

鉴别碳酸饮料的质量，可从以下几个方面入手：

1. 色泽。

饮料的色泽应与品名相符。果汁汽水、果味汽水应具有新鲜水果近似的色泽。同一产品的色泽，要鲜亮一致，无变色现象。这样的产品，质量最好；反之，则质量不佳。

2. 香气与滋味。

要具有本品种应有的香气和滋味，口味正常，味感尚协调、柔和，酸甜较适口，有清凉感，无异味。这样的产品，质量最好；反之，则质量不佳。

3. 外观。

（1）果汁汽水、果味汽水中的清汁液，应澄清透明，不混浊、不分层、无沉淀。

（2）果汁汽水、果味汽水中的混汁液，应有一定的混浊度，均匀一致不分层，只允许有少量果肉沉淀。如果果肉沉淀多，则饮料质量差。

4. 灌注量。

瓶中灌注饮料后，瓶口空隙的高度应符合要求，即液面与瓶口的距离不超过6厘米，封盖后应能看到液面。如果瓶中饮料的灌注量达不到标准，则质量不符合要求。

5. 封盖。

瓶口封盖要紧密，不漏气，盖子上不得有生锈现象。

6. 瓶身。

要清洁干净，商标纸应贴得端正，图案清晰。

 ## 变质果汁饮料的识别

鉴别果汁饮料是否变质，通常是通过一看、二嗅、三尝来确定。果汁饮料变质一般会出现以下现象：

1. 混浊。

不带果肉透明型果汁饮料一旦出现混浊现象，则说明该饮料中酵母引起了果汁发酵，可初步判断有变质可能。

2. 酒精味。

不仅有混浊现象，而且开瓶盖后闻到有酒精味，则可断定瓶内或果汁中的酵母恢复了繁殖能力，而使果汁发酵产生酒精所致。这样的饮料一般不要饮用。

3. 酸味异常。

果汁中的酸味来源主要是酒石酸、苹果酸或柠檬酸。经科学配制后的果汁饮料是甜酸适宜的。若在品尝时发现酸味异常，则是变质所致，因为饮料中的某些细菌能分解上述酸类而转变成醋酸和二氧化碳，其酸有强烈刺激味。这种饮料不可饮用。

 如何识别受过污染的鱼

1. 看鱼形。

污染较重的鱼，其鱼形不整齐，头大尾小，脊椎、尾脊弯曲僵硬或头特大而身瘦、尾长又尖。这种鱼含有铬、铅等有毒有害重金属。

2. 观全身。

鱼鳞部分脱落，鱼皮发黄尾部灰青，有的肌肉呈绿色，有的鱼肚膨胀。这是铬污染或鱼塘大量使用碳酸铵化肥所致。

3. 辨鱼鳃。

有的鱼表面看起来新鲜，但如果鱼鳃不光滑、形状较粗糙，呈红色或灰色，这些鱼大都是被污染的鱼。

4. 瞧鱼眼。

有的鱼看上去体形、鱼鳃虽正常，但其眼睛混浊失去正常光泽，有的眼球甚至明显向外突起，这也是被污染的鱼。

5. 闻鱼味。

被不同毒物污染的鱼有不同的气味。煤油味是被酚类污染；大蒜味是三硝基甲苯污染；杏仁苦味是硝基苯污染；氨水味、农药味是被氨盐类、农药污染。

 挑蔬菜要看外形和颜色

其实，绝对无污染的农产品几乎是不存在的，"无公害"只是相对而言。只要通过国家的相关检测，就是可以吃的放心蔬菜。所以，我们要尽量购买有明确标志的绿色和无公害蔬菜。选择时令蔬菜和吃本地菜是更好的选择，顺应自然是最好的健康法则。

如果冬天禁不住种类众多的反季节蔬菜的诱惑，也最好多买些洋葱、胡萝卜、茄子等，这类蔬菜中农药残留物较少，尽量少买形状、颜色奇怪的蔬菜。有些蔬菜虽然经过催熟，但果皮或其他地方还会留下青涩的痕迹，买的时候要多留意。吃时可以通过光照、削皮、水烫、爆炒等办法，清除其中的残毒。

 ## 月饼优劣的鉴别秘诀

1. 浆皮月饼的感官鉴别。

（1）色泽鉴别。良质月饼表面呈金黄色，底部红褐色，墙部呈白色至乳白色，火色均匀，墙沟中不泛青，表皮有蛋液光亮。

次质月饼表面、底部、墙部的火色都略显不均匀，表皮不光亮。

劣质月饼表面生、煳严重，有青墙、青沟、崩顶等现象。

（2）形状鉴别。良质月饼块形周正圆整，薄厚均匀，花纹清晰，侧边不抽墙、无大裂纹，不跑糖、不露馅。

次质月饼部分花纹模糊不清，有少量跑糖露馅现象。

劣质月饼块形大小相差很多，跑糖露馅严重。

（3）组织结构鉴别。良质月饼皮酥松，馅柔软，不偏皮不偏馅，无大空洞，不含机械性杂质。

次质月饼皮馅分布不均匀，有少部分偏皮偏馅和少量空洞。

劣质月饼皮和馅不松软，有大空洞，含有杂质或异物。

（4）气味与滋味鉴别。良质月饼甜度适当，皮酥馅软；不发艮，馅粒油润细腻而不黏，具有本品种应有的正常味道，无异味。

次质月饼甜度和松酥度掌握得稍差，本品种的味道不太突出。

劣质月饼又艮又硬，咬之可见白色牙印，发霉变质有异味，不堪食用。

2. 酶皮月饼的感官鉴别。

（1）色泽鉴别。良质月饼表面为白或乳白色，底部为金黄色至红褐色，色泽均匀、鲜艳。

次质月饼表面、底部、墙部的火色偏深或略浅，色泽分布不大均匀。

劣质月饼色泽较正品而言或太深或太浅，差距过于悬殊。

（2）形状鉴别。良质月饼规格和形状一致，美观大方，不跑糖露馅，不飞毛炸翅，装饰适中。

次质月饼大小不太均匀，外形不甚美观，有少量的跑糖现象。

劣质月饼块形大小相差悬殊，跑糖露馅严重。

（3）组织结构鉴别。良质月饼皮馅均匀，层次分明，皮和馅的位置适当，无大空洞，无杂质。

次质月饼层次不太分明或稍有偏皮偏馅。

劣质月饼层次混杂不清，偏皮偏馅严重，含杂质多。

（4）气味与滋味鉴别。良质月饼松酥绵软不垫牙，油润细腻，具有所添加果料应有的味道。

次质月饼松酥程度稍差，应有的味道不太突出，没有油润细腻的感觉，咬时会粘牙。

劣质月饼食之垫牙，有异味、脂肪酸败的哈喇味等。

第二节 食品烹饪

选择好了质量好的食材，接下来就需要烹饪。掌握一些烹饪小妙招不仅可以使食物不浪费，还可以让这些饭菜更美味，丝毫不逊于菜馆饭店，让您吃得健康又省钱！

使虾仁清透爽嫩的窍门

将虾仁放入碗内，加一点精盐、食用碱粉，用手抓搓一会儿后用清水浸泡，然后再用清水洗净，这样能使炒出的虾仁透明如水晶，爽嫩可口。

饺子不粘连的窍门

1. 在1斤面粉里掺入6个蛋清，使面里蛋白质增加，包的饺子下锅后蛋白质会很快凝固收缩，饺子起锅后收水快，不易粘连。

2. 煮饺子时要添足水，待水开后加入少许的食盐，溶解后再下饺子，这样能增加面的韧性，饺子不会粘皮、粘底，饺子的色泽会变白，汤清饺香。

3. 饺子煮熟以后，先用笊篱把饺子捞出，随即放入温开水中浸涮一下，然后再装盘，饺子就不会互相粘在一起了。

另外，煮饺子时，饺子皮和馅中的水溶性营养素除一小部分因受热流失之外，大部分都溶解在汤里，所以，吃饺子最好把汤也喝掉。

 ## 米饭烧糊了怎么办

1. 米饭若烧糊了，赶紧将火关掉，在米饭上面放一块面包皮，盖上锅盖，5分钟后，面包皮即可把糊味吸收。

2. 用一个碗盛上冷水，放在饭锅中间，压入饭内，使碗边与饭齐平。然后盖上锅盖，将火调小，焖一两分钟再揭盖，即可消除焦味。

3. 把饭锅从火炉上端下来，打开盖，将三五根鲜葱段放在饭上，再盖上锅盖，几分钟后，把葱段取出，饭的焦糊味就消除了。

4. 一旦闻到饭的焦糊味，可把饭锅置于 3~6 厘米深的冷水中，或放在泼了凉水的地面上，约 3 分钟后焦糊味即可消除。

 ## 自制肉馅的小窍门

先将准备制作肉馅的肉放入冰箱冷冻室冷冻，待完全冻实后将肉取出，用擦菜板擦肉，很容易就能把冻肉擦成细条。之后，只需用刀在细肉条上剁几下肉馅便做成了。

 ## 炖排骨时要放醋

炖排骨时放点醋，可使排骨中的钙、磷、铁等矿物质溶解出来，利于人体吸收，使排骨营养价值更高。此外，醋还可以防止食物中的维生素被破坏。

 ## 烤肉防焦的小窍门

烤肉时，可在烤箱里放一只盛有水的器皿，因为器皿中的水可随烤箱内温度的升高而变成水蒸气，防止烤肉焦糊。

咸汤变淡有妙招

做汤时，如果做咸了，可以拿一个洗净的土豆切成两半，放入汤里煮几分钟再捞出，这样，汤就能由咸变淡了。

怎样炒肉片更鲜更嫩

吃炒肉片、炒肉丝，人们都愿意吃鲜嫩可口的，但按常规方法往往不容易炒得好，这里介绍三种方法，可保证炒出的肉片或肉丝鲜嫩可口。

1. 将切好的肉片或肉丝用淀粉调后再下锅炒，可得到肉色发白、鲜嫩可口的效果。

2. 将肉片或肉丝放在漏勺里，浸入开水中烫 1～2 分钟，等肉稍一变色立刻拿起来，然后再下锅炒 3～4 分钟即可熟，由于炒的时间短，吃起来鲜嫩可口。

3. 将肉片或肉丝快速倒入高温的油锅里翻动几下，等肉变色时，向锅内滴几滴冷水，让油爆一下，然后再放入调料煎炒。这样炒出的肉就会鲜嫩可口。

使青菜脆嫩爽口的小窍门

在炒青菜时，将菜洗净切好后，撒少许盐拌合，腌制几分钟，控去水分后再炒，就能保持青菜脆嫩清鲜。

炒洋葱的小窍门

想要洋葱好吃，可以在炒洋葱时放一些面粉和白葡萄酒。切好的洋葱蘸点干面粉，炒熟后色泽金黄，质地脆嫩，味美可口。另外，炒洋葱时，加少许白葡萄酒，不易炒焦。

制作海鲜除腥的窍门

1. 烧鱼：不要早放姜。

做鱼时放姜为的是去除鱼的腥味。究竟什么时候放姜去腥效果最好呢？实验表明，当鱼体浸出液的 pH 值为 5～6 时，放姜去腥效果最好。如过早放姜，鱼体浸出液中的蛋白质会阻碍生姜的去腥作用。所以，做鱼时，最好先加热稍煮一会儿，等到鱼的蛋白质凝固了，再放姜，即可达到除腥的目的。

2. 面粉：除去油腥味。

把炸过鱼的油放在锅内烧热，投入少许葱段、姜和花椒炸焦，然后将锅端离火，抓一把面撒入热油中，面粉受热后糊化沉积，吸附了一些溶在油内的三甲胺，可除去油的大部分腥味。

3. 湿淀粉：除去油腥味。

把炸过鱼的油烧热，经葱、姜、花椒去腥味后，再淋入一些调匀的稠湿淀粉浆。因湿淀粉受热爆裂沉入油内，淀粉泡可以把油中的腥味吸附掉，随后撇去浮着的淀粉泡即可。

 高压锅做米饭不粘锅的窍门

1. 米饭做熟后，锅内存有大量蒸汽。如果让这些蒸汽慢慢自然放出，再拿掉限压阀，打开锅盖，米饭就不会粘锅。如果急着要吃饭，不等蒸汽自然放完就拔掉限压阀让蒸汽一下子全喷出来，此时立即打开锅盖（注意：一定要等蒸汽出完才能打开锅盖，否则容易引起爆炸），便会有一层米饭粘在锅底，很难铲掉。所以只要在盛第一次饭后把锅盖再盖严，不加限压阀，待到第二次盛饭时再打开锅盖，粘在锅底的米饭就很容易铲掉了。

2. 先不加阀，冲出热气后再加上阀，等有声立即熄火，待压力消失后即可开锅食用，既省火又不粘锅底，用火得当连锅巴都没有。有两点须注意：一是根据米的性质，水要加得适当，饭粒就软硬适度；二是熄火后要保留锅内压力，不要急于放气和强制冷却。因此，最好先做饭后做菜，菜好了饭也得了。

3. 米饭做熟后马上将压力锅坐在事先准备好的凉水盆里，两三秒钟端出即可。

 怎样去掉河鱼的土腥味

河鱼一般都有土腥味，因为河鱼生长在腐殖质较多的池塘、河川、湖泊里。由于腐殖质较多，适合放线菌繁殖生长，放线菌通过鱼鳃侵入鱼体血液中，并分泌一种具有恶臭（土腥味）的褐色物质。淡水鱼如鲤鱼、草鱼、鲢鱼等蛋白质含量丰富，营养价值高，味道也很鲜美，但是这些河鱼往往带有土腥味。下面介绍几种去掉土腥味的方法。

1. 把河鱼剖肚洗净后，放在冷水中，再往水中倒入少量的醋和胡椒粉，或者放些月桂叶。经过这样处理后的河鱼，就没有土腥味。

2. 可用 25 克精盐兑 2 500 毫升清水，把活鱼泡在盐水中，盐水通过两鳃浸入血液，一小时后，土腥味就可以消失。如果是死鱼，需放在盐水里泡两小时，也可去掉土腥味。

3. 鲤鱼背上两边有两条白筋，这是制造特殊腥气的东西，宰杀时，要注意把这两条白筋抽掉，做熟以后就没有腥气了。

4. 宰杀河鱼时，可将河鱼的血液尽量冲洗干净，烹调时，再加入葱、姜、蒜等调料，土腥味基本上可以去除掉。

 ## 绿豆汤怎么熬更好

绿豆有解毒清心的作用，因此，很多人喜欢夏天在家里熬点绿豆汤，但熬的时间长短很有讲究。如果想消暑，熬 10 分钟左右，只喝清汤就可以了；要想解毒，则要熬的时间长点，最好将豆子一起吃下。

绿豆性凉，味甘，平时喝可以消暑止渴；由于其具有利尿下气的功效，因此食物或药物中毒后喝，还能起到排清体内毒素的作用，对热肿、热渴、热痢、痈疽、痘毒、斑疹等也有一定的疗效。

绿豆的清热之力在皮，解毒之功在内。因此，如果只是想消暑，煮汤时将绿豆淘净，用大火煮沸，10 分钟左右即可，注意不要久煮。这样熬出来的汤，颜色碧绿，比较清澈。喝的时候也没必要把豆子一起吃进去，就可以达到很好的消暑功效。如果是为了清热解毒，最好把豆子煮烂。这样的绿豆汤色泽混浊，消暑效果较差，但清热解毒作用更强。

绿豆与其他食品一起烹调，疗效更好，如防中暑可以喝绿豆银花汤：绿豆 100 克、金银花 30 克，水煎服用。

但是，绿豆性凉，脾胃虚寒、肾气不足、腰痛的人不宜多吃。

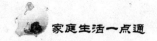

 ## 炒蔬菜怎样防止汤汁太多

烹制蔬菜类菜肴时，如不注意操作方法，锅内会出现过多的汤汁，影响菜肴的滋味。

造成烹炒蔬菜汤汁过多的原因，主要是原料本身水分多，洗涤时没有沥干水分，或原料在水中浸泡时间过长，原料吸水过多；也与烹制时掌握火候不当有关，温度偏低，则原料中的水分蒸发少；加热时间过长，原料中水分便大量流出。调味时，加盐过早或添汤过多，自然也会使菜肴汤水过多。

防止汤汁太多的方法，应根据原料的性质和烹饪要求而定：有的菜加热前先用盐腌一下去掉部分水分再烹炒；有的菜用水焯、挤压、沥干的方法，减少原料中的水分。缩短加热时间和不过早放盐，也能减少原料水分的流出。

 ## 牛奶的妙用

吃过大蒜后喝杯牛奶可清除口中的蒜臭味；炒菜时，如酱油放多了，可加入少量的牛奶，即可改善色味；煎蛋卷时，用牛奶与鸡蛋混合，其味更佳，蛋卷也更鲜嫩；炸鱼前先将鱼浸入牛奶中片刻，既能除鱼腥味，又可使鱼肉更加鲜美香嫩；炒花椰菜时，加一些牛奶，花椰菜会显得更白净且鲜嫩可口。

 ## 油盐酱醋何时放

很多家庭主妇炒菜时，油盐酱醋都是随手放的。其实，只要稍微研究一下它们的投放顺序，不仅能够最大限度地保存食物的色香味，还会使更多营养得到保留。

油：炒菜时油温不宜升得太高，一旦超过180℃，油脂就会发生分解或产生聚合反应，生成具有强烈刺激性的丙稀醛等有害物质，危害人体健康。因此，"热锅凉油"是炒菜的一个诀窍。先把锅烧热，不要等油冒烟了才放菜，八成熟时就将菜入锅煸炒。此外，有时也可以不烧热锅，直接将冷油和食物同时炒，如油炸花生米，这样炸出来的花生米更松脆、香酥，避免外焦内生的现象。用麻油或炒熟的植物油凉拌菜时，可在凉菜拌好后再加油，更清香可口。

盐：盐是电解质，有较强的脱水作用，因此，放盐时间应根据菜肴特点和风味而定。炖肉和炒含水分多的蔬菜时，应在菜熟至八成时放盐，过早放会导致菜中汤水过多，或使肉中的蛋白质凝固，不易炖烂。使用不同的油炒菜，放盐的时间也有区别：用豆油和菜子油炒菜，为了减少蔬菜中维生素的损失，应在菜快熟时加盐；用花生油炒菜则最好先放盐，能提高油温，并减少油中的黄曲霉素。

酱油：烹调时，高温久煮会破坏酱油的营养成分，并失去鲜味。因此，应在即将出锅前放酱油。炒肉片时为了使肉鲜嫩，也可将肉片先用淀粉和酱油拌一下再炒，这样不仅不损失蛋白质，炒出来的肉也更嫩滑。

醋：醋不仅可以祛膻、除腥、解腻、增香，还能保存维生素，促进钙、磷、铁等溶解，提高菜肴的营养价值。做菜时放醋的最佳时间在两头，即原料入锅后马上加醋或菜肴临出锅前加醋。"炒土豆丝"等菜最好在原料入锅后加醋，可以保护土豆中的维生素，同时软化蔬菜；而"糖醋排骨"、"葱爆羊肉"等菜最好加两次：原料入锅后加可以祛膻、除腥，临出锅前再加一次，可以增香、调味。

厨房烹饪中的保钙法

不良饮食及烹饪习惯往往会影响人体对钙的吸收和利用。因此，在烹饪时，要尽量去除影响钙吸收利用的因素，以保存更多的钙。

1. 烹调荤菜时常用醋。糖醋鱼、糖醋排骨等是最利于钙吸收的菜肴。醋是酸味食品，不仅可以去除异味，还能使鱼骨、排骨中的钙溶出。鱼、排骨中的蛋白质和钙的含量较高，在酸性环境中，钙与蛋白质在一起最容易被吸收。烹饪时，可用小火长时间焐焖，使鱼、排骨中钙的溶出较完全。

2. 豆腐和鱼宜一起炖。鱼肉中含有维生素 D，可促进豆腐中钙的吸收，使钙的生物利用率大大提高。

3. 西红柿炒鸡蛋、雪里红炒黄豆等有"补钙"作用。维生素 C 能促进钙的吸收，而西红柿是富含维生素 C 的食品，与鸡蛋同炒，使钙的吸收率提高。雪里红也富含维生素 C，与黄豆同食，同样可使钙的吸收、利用大大提高。

4. 菠菜、苋菜等绿色蔬菜要先焯一下，除去草酸，再和豆腐一起炒，这样就不会形成不溶性的草酸钙了。

5. 大米先在温水中浸泡一下或多做发酵的面食，可以去除部分植酸。

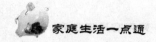

6. 黄豆发芽后食用。黄豆（大豆）中植酸含量很高，可采用发芽的办法，去掉黄豆中的植酸。同时，黄豆中本不含有的原性维生素 C 含量大大增加，可促进钙的吸收和利用。

 烹调鸡肉有妙法

1. 炖鸡。

鸡块倒入热油锅内翻炒，待水分炒干时，倒入适量香醋，再迅速翻炒，至鸡块发出噼噼啪啪的爆响声时，立即加热水（没过鸡块），再用旺火烧 10 分钟，即可放调料，移小火再炖 20 分钟，淋上香油即可出锅；应在汤炖好后，温度降至 80℃~90℃时或食用前加盐。因为鸡肉中含水分较高，炖鸡先加盐，鸡肉在盐水中浸泡，组织细胞内水分向外渗透，蛋白质产生凝固作用，使鸡肉明显收缩变紧，影响营养向汤内溶解，且煮熟后的鸡肉趋向硬、老，口感粗糙。

2. 炖老鸡。

在锅内加 30 颗黄豆同炖，熟得快且味道鲜；或在杀老鸡之前，先灌给鸡一汤匙食醋，然后再杀，用文火煮炖，就会煮得烂熟；或放 3~4 枚山楂，鸡肉易烂。

第三节　食品储存

储藏食物，是一种很常见的省钱方法。掌握一些常用食物的储藏方法，在生活中运用得当的话，可以在食品保质期内放心食用，而且还可以防止浪费。做好食物的储藏工作，等于把食物可以使用的期限延长，节省了重新购置的成本，从而达到省钱的效果。

 干燥剂的使用

我国南方潮湿，如果赶上阴雨天，又住在一楼，通风不畅，皮沙发都会长毛，更不用说食品。您不妨吃过海苔、干果、茶叶之后，把袋子里的强力干燥剂、吸氧剂拿出来废物利用。既环保又省钱又可靠。

把那些害怕潮湿的食品放在一起，再用干燥剂、吸氧剂或双吸剂保驾，储藏效果很好。

注意：要在干燥剂、吸氧剂或双吸剂的纸包空白处写明原产品日期，一年后记得扔掉，更新。远离儿童，以免儿童淘气，拆开包装，伤害眼睛。

如何存放蔬菜更新鲜

买回蔬菜后不能平放，更不能倒放，正确的方法是将其捆好，垂直竖放，其原因是：

从外观上看，只要留心观察就会发现，垂直竖放的蔬菜显得葱绿鲜嫩而挺拔，而平放、倒放的蔬菜则萎黄打蔫，时间越长，差异越明显。

从营养价值看，叶绿素中造血的成分对人体有很高的营养价值，而垂直放的蔬菜生命力强，维持蔬菜生命力可使维生素损失小，对人体有益。

削皮水果保鲜

1. 醋水防"锈"法。方法是：将削去表皮的水果置于食醋水溶液中浸泡2 ~ 3分钟，即可减缓水果生"锈"速度。

2. 淡盐水保鲜法。方法是：将削皮后的水果浸泡在适量的食盐水中，可使水果在24小时内保鲜不生锈。

怎样使生姜保鲜

1. 洗净、晾干，埋入盐罐。

2. 将鲜姜放在盆、罐或大口瓶中，上面覆盖3厘米厚的潮湿细沙，然后加盖，保鲜1 ~2个月。

3. 将鲜姜洗净晾干，再切片，装进事先准备好的洁净、干燥的旋口罐头瓶中，然后倒入白酒，酒量以刚淹没鲜姜片为度，最后加盖密封，随吃随取，可长期保鲜。

4. 洗净、放在小塑料袋内撒一些盐，不要封口，随用随取，可保持10天左右。

5. 用盐水把生姜泡 1 小时，然后拿出来晒干，放入冰箱贮菜格内，可以放很长时间并保持其鲜嫩程度。

巧存小磨香油

将新鲜香油装进一小口玻璃瓶内并加放适量精盐（比例为每 500 克香油加入 1 克精盐），将瓶口塞紧，不断地摇动，使盐溶化，置于阴暗处。3 天后，再将沉淀的香油倒入洁净的棕色玻璃瓶中盖紧瓶盖，置避光处保存，可使小磨香油不变质。

如何保存鸡蛋

鸡蛋放一段时间后，蛋黄容易粘壳或散黄。这是因为放的时间长了，蛋白中的黏液素会在蛋白酶的作用下慢慢变稀，失去固定蛋黄的作用。如果把蛋大头朝上竖放，蛋头内有一个气室，里面的气体就会使蛋黄无法贴近蛋壳。因此，将鲜蛋竖放不易贴壳或散黄。

另外，可以用其他方法保存鸡蛋：

1. 粮食法：用小米或豆类放入缸或箱内，铺一层蛋，放在干燥的地方，可使保存的鸡蛋半年以上不坏。

2. 石灰水法：用 100 斤水加入 2 斤生石灰，搅拌溶化后，静放沉淀。等石灰水澄清后，倒入缸中，将鸡蛋轻轻放进去，石灰水要超出蛋面 6～7 寸，一般保持 10 个月不坏。

怎样防止食盐返潮

纯净的精盐一般不易返潮，可是粗盐放置一般时间就会湿漉漉的。这是因为粗盐中含有氯化镁、溴化钾，这两种物质极易吸潮。如果将盐炒一下，让氯化镁分解成氧化镁，盐就不会返潮了。

如何保存啤酒

1. 啤酒的存放环境应在 0℃～15℃，以 10℃左右为宜，而瓶装熟啤酒应在

5℃~25℃保存。温度过高，啤酒的泡沫多而不持久；温度过低，泡沫减少并使苦味加重。若低于0℃，则外观混浊，味道不佳。因此，啤酒无论什么季节都不宜存放在冰箱内。

2. 啤酒对光敏感，不要日晒或剧烈震荡，以防啤酒中的酵母菌受热、混浊和沉淀。

3. 油是啤酒的大敌，啤酒应保持清洁，勿沾染油迹，因为油迹可使啤酒花过快消失。

4. 桶装鲜啤酒不宜超过 5 天，瓶装鲜啤酒不宜超过 15 天，熟啤酒不宜超过 45 天。

5. 饮剩的啤酒应密封，以防二氧化碳消失，影响啤酒中酒精成分及浓度。

 ## 巧存鲜鱼

1. 去脏盐浸泡法。方法是：买回鲜鱼后，如不想立即食用，又不想放入冰箱冷冻，那么，可以在不水洗、不刮鳞的情况下，将鱼的内脏掏空，置于10%的食盐水中浸泡，可保存数日不变质。

2. 芥末保鲜法。方法是：取适量芥末涂于鱼体表面及内脏（已开膛），或均匀地撒在盛鱼容器周围，再将鱼和芥末置于密封容器内，可使鲜鱼保存 3 天不变持。

3. 热水处理法。方法是：将鲜鱼去除内脏后，置于将开未开的热水（80℃~90℃）中，稍停便捞出，此时，鲜鱼的外表已经变白。使用这种方法，既可使鲜鱼保存的时间比未经热水处理过的鲜鱼延长一倍，而且还可保持味道鲜美。

4. 蒸汽处理法。方法是：将鲜鱼清洗干净后切成适宜烹饪的形状，装入具有透气性的塑料袋内，然后，用蒸汽杀菌消毒，可使鲜鱼保鲜 2~3 天。

5. 酒类处理法。方法是：将鲜鱼嘴撬开后滴放白酒，然后置于阴凉通风处，可防止鲜鱼腐败变质。

在收拾好的鲜鱼身上切几条刀花，然后将少量啤酒倒入鱼肉中和鱼体内腔，既可在烹饪时提高鲜味，又可在烹饪前保鲜。

6. 活鱼冷冻法。方法是：直接将鲜鱼置于冰块或冰柜中冷冻即可。

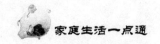

 怎样存放葡萄酒

在储藏食品方面，干燥的北方地区一般要优于南方，但葡萄酒是例外。南方的湿润气候有助于橡树软木塞充胀，从而抵御空气的侵袭。

酒瓶要倒放或卧放，尤其在干燥的北方地区。酒液的浸泡可使软木塞保持湿润，避免因瓶塞干燥产生空隙而使空气进入瓶中，导致葡萄酒氧化变质。同时葡萄酒液可以诱发橡木塞的香味，并使橡木中的酚类物质溶解到酒液里面，二者产生化学反应，生成对人体有益的物质。

 怎样存放牛奶

牛奶的营养十分丰富，它在20℃～40℃会大量繁殖细菌，从而变质。人如果喝了这种变质的牛奶，便会中毒。因此，千万不要图省事，将牛奶保存在保温瓶中。那么应该怎样存放牛奶呢？

1. 鲜牛奶应该立刻放置在阴凉的地方，最好是放在冰箱里。

2. 不要让牛奶暴晒阳光或照射灯光，日光、灯光均会破坏牛奶中的数种维生素，同时也会使其丧失芳香。

3. 牛奶放在冰箱里，瓶盖要盖好，以免其他气味串入牛奶里。

4. 牛奶倒进杯子、茶壶等容器，如没有喝完，应盖好放回冰箱，切不可倒回原来的瓶子。

5. 过冷对牛奶亦有不良影响。当牛奶冷冻成冰时，其口质会受损害。因此，牛奶不宜冷冻，放入冰箱冷藏即可。

 新鲜水果保鲜

在新鲜水果的表面喷上由淀粉、蛋白质、动物油等混合而成的液体，对水果具有保鲜作用，可使水果贮存半年不坏。

 饭菜巧防馊

在无冰箱的情况下，可将剩饭加水煮成泡饭后，置于阴凉通风处；或用生苋菜或新荷叶覆盖在剩饭上即可防止饭菜变馊。此外，在盆内放适量冷水，将盛有饭菜的碗置于水中，再在盆上盖上陶器，饭菜也不易发馊。

怎样防止面食品变硬

将新制成的面食品趁热放冰箱迅速冷却。没有条件的家庭，可放置在橱柜里或阴凉处，也可放在蒸笼里密封贮藏，或放在食品篓中，上蒙一块湿润的盖布，用油纸包裹起来。这些办法能减缓面食品变硬的速度，只要时间不是太长，都能收到一定的效果。

薏米的储藏

杂粮有很多种，把薏米单独列出是因为相对其他杂粮而言，薏米最难储存。保存薏米需要低温、干燥、密封、避光这四个基本原则。低温是最关键的因素。如果您储藏时做不到低温，则建议薏米一次要少买点，从包装上的生产日期起算，储藏不要超过 6 个月。最重要的是，开袋后尽快食用，如有剩余，应采用密封夹，夹紧包装袋，放进冰箱冷藏。

冲调粉（罐装）的储藏

按包装来区分，冲调粉大致分为罐装和袋装两种。罐装又分铁皮罐和玻璃瓶两类。铁皮罐常用于包装奶粉、可可粉等。由于自身遮光性能较好，所以只要保证盖子严紧，贮藏环境阴凉干燥就可以。

玻璃瓶常用于包装咖啡、花粉等。由于光透性强，所以在拧紧盖子之后，外面最好套一个纸盒，再放置于阴凉干燥处。

注意：取用时，不要使用带水的调羹。

黄瓜的储藏

用保鲜膜把生黄瓜包好，放在远离强光照射的地方即可，夏季两天之内、冬季四天之内完全可以保持鲜脆。防止黄瓜长白毛的方法就是集中放在背光阴凉的地方，通过通风散热，降低菜温，控制微生物的活动。

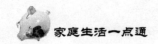

茶叶的储藏

常见的包装有两种：软包和硬包。所谓软包，就是用塑料袋或纸袋对茶叶进行包装，购买时建议用手轻轻按压袋子，看看漏不漏气。因为茶叶是容易吸收异味和水分的。开启之后应用密封夹夹牢，放在避光、干燥、低温和没有异味的地方，避免受到挤压。建议找个盖子紧点的铁皮罐子装好。所谓硬包，是指用铁皮罐、竹木罐、纸盒等对茶叶进行包装，通常硬包里面还有一个软包，这样显得既卫生又考究。硬包本身满足了密封、避光、干燥等要求，买着放心，放着也无忧。

茶叶用完之后，剩下的硬包装和双吸剂可以留下来备用，不要随便扔掉。

如果不能保证密封，就不宜将茶叶放入冰箱冷藏，除非您专门把要过期的茶叶当成"冰箱除味剂"来使用。

蜂蜜的储藏

瓶装蜂蜜最常见，开启后要注意以下几点：

（1）取食时使用表面干爽的调羹，否则水分进入后会引起发酵。

（2）秋、冬、春三季，拧紧盖子放在无异味的干燥、避光环境当中即可。

（3）夏季室温过高时，可以将蜂蜜放入冰箱冷藏，但要注意盖严瓶口，以免蜂蜜吸进冰箱内的异味。

（4）玻璃瓶比塑料瓶的储藏效果好。

熟食罐头的储藏

罐头的密封性很好，可以有效地推迟罐内食物的氧化、变质，所以人们常用罐头来包装红烧鱼、辣香兔肉等熟食。

按材质区分，罐头一般有玻璃和铁皮两种。铁皮罐头的优点在于避光性强，常温下最长可以保存 3 年。但个别时候也会有漏气现象，而且不易被发觉。玻璃罐头的缺点是避光性差，优点集中在安全钮上，建议储藏期间勤于查看，一旦发现安全钮凸起（表明密封状态瓦解）应立即食用。安全钮完好的有机罐头可以在纸箱内保存6～12个月。

注意：罐头打开后最好一次食用完毕，如有剩余应选择冷冻保存。冷冻过的熟食鱼类、肉类，重新解冻后再食用，风味口感基本和原来一致。

大米的储藏法

（1）米具要洁净、严实。最好将米放进缸、坛、桶中，再备有严实的盖。如果用布袋装米，要在布袋外面套一个塑料袋，扎紧袋口。

（2）将布袋在煮过的花椒水中浸泡，把晾干的大米放在风干后的袋子中，再用纱布包些新花椒，分别放在米的上、中、底部。扎紧袋口，这样既防霉变，又能驱虫。

（3）将海带和大米按重量 1∶100 的比例混放，每周取出海带晒去潮气，便能保持大米干燥不霉变，并能杀死米虫。

（4）在米桶里放几枚螃蟹壳、甲鱼壳或大葱头，同样可以达到防止虫蛀的目的。

（5）储存温度以 8℃～15℃ 最佳。

（6）将米放在塑料袋中，每次 5 公斤左右，袋口扎紧，放在冰箱冷冻室内 48 小时取出，不要立即开口，可杀死害虫。

土豆的储藏

把土豆装入草袋、麻袋或装入垫纸的筐里，上面撒一层干燥的沙土，放在阴凉、干燥处保存。这样，就能延缓土豆的发芽。

或将土豆放在旧纸箱中，并在纸箱中放进几个未成熟的苹果，苹果会散发出一些乙烯气体，乙烯气体可使土豆保鲜。

食用油的储藏

将花生油、豆油入锅加热，放入少许花椒、小茴香，待油冷后，倒进搪瓷或陶瓷容器中存放，不但久不变质，做菜用此油，味道也特别香。猪油熬好后，趁其未凝结时，加进一点白糖或食盐，搅拌后密封，可久存而不变质。小磨香油在贮存过程中易酸败、失香。在其保存上可采用以下方法：把香油装进一小口玻璃瓶内，每 500 克油加入精盐 5～15 克，将瓶口塞紧不断地摇动，使食盐溶化，放

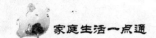

在暗处 3 日左右，再将沉淀后的香油倒入洗净的棕色玻璃瓶中，拧紧瓶盖，置于避光处保存，随吃随取。要注意的是，装油的瓶子切勿用橡皮等有异味的瓶塞。

 ## 花生米的储藏

先将购买回的花生米晒 4~5 天，用清水淘净，再放入 100℃的开水中浸烫，15~20 分钟后捞出，趁热与细盐和玉米面搅拌均匀，然后再晒 2~3 天，晒到一咬即断为宜，然后用塑料袋装起来，可长时间不发霉、不变色、不走油。或在盛花生米的容器里放 1~2 支香烟，再将容器口密封，可防止虫蛀花生米。将晒干的花生米装入储存罐中，然后放几片碎干辣椒片，把口盖紧，放干燥处储存，可 1 年不变质。

 ## 西瓜的贮存

可取表皮无损伤的六七成熟的西瓜，放入 30%的盐水溶液中浸泡 48~60 小时。这样，溶液中的盐分便浸入西瓜表皮，形成防腐保护膜。再取吃剩的其他西瓜皮或西瓜枝蔓，挤出其汁液，涂在浸盐的西瓜表面，便形成防腐加强膜。经过以上处理后的西瓜，可保存 1 个月左右不变质；如装入塑料食品袋，并放入菜窖或冷凉、干燥、通风处，贮藏和保鲜时间更长。

取无疤无伤带蒂的七八成熟的西瓜，放在阴凉干燥的地方。用绳子把瓜蒂弯起来拥扎牢固，每逢单日，用蘸有白酒或盐水的湿布将西瓜表皮擦拭一遍，目的是除去西瓜表皮的细菌。每逢双日，用干净的软毛巾将西瓜表皮擦拭 1 遍，目的是堵住西瓜的气孔，这样可保证较长时间内西瓜都比较新鲜。

如果是切开的西瓜吃不完，用保鲜膜加盖后存放在冰箱冷藏室里，可保存 24 小时不变质。

第三章　美容化妆篇——美丽自己来打造

　　如今美容美体已成为一种趋势，很多女性都将大把的钱投资到美容美体上了。去美容院、买高档化妆品、买减肥药，可谓在美丽上投足了资。但是有时候花了很多钱结果却不尽如人意。现在我们来了解一下让"美丽"不在浪费钱的妙招，自己打造既省钱又有效的美丽吧！

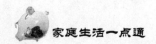

第一节　美容护肤

　厨房里的美容窍门

许多女性常在厨房里忙碌，如果把厨房变成自己的美容室，会给生活增添许多乐趣。

1. 打鸡蛋时，用蛋壳里剩余的蛋清搽脸，半小时后洗掉，可使肌肤细腻。

2. 切豆腐时，菜板上剩下的小豆腐渣压碎后搽脸，并按摩皮肤，可使容颜亮丽。

3. 切黄瓜、丝瓜时，用剩下的头搽脸，会起到洗面奶的作用。

4. 切番茄时，用小块番茄片敷在脸上，会增添脸的光泽。

5. 当你喝鲜牛奶时，用袋里剩余的奶洗脸，脸部皮肤会柔嫩。

6. 切土豆时，将土豆片贴于眼部，可消除眼睑肿胀。

7. 淘米时，用米水洗手，可增加指甲的柔韧度及光度。

8. 捣蒜时，用蒜汁涂指甲，指甲将不易断。

　牙膏也有洁肤功能

牙膏也有洁肤功能，洗澡时用牙膏代替浴皂搓身去污，既有明显的洁肤功能，浴后还会浑身凉爽，而且还有预防痱子的作用。

　10 个让皮肤光滑的窍门

1. 将香蕉捣碎，加入牛奶，涂在脸上。20 分钟后洗净，可以使你的皮肤细腻光滑。

2. 把鸡蛋清和蜂蜜搅拌均匀后涂在脸上可以使皮肤光滑并减少皱纹。

3. 把姜黄粉末和牛奶混合后涂在脸上可以去除晒斑和减少脸上的汗毛。

4. 把麦片、乳酪和西红柿汁搅拌均匀涂在脸上，20分钟之后再用凉水洗干净，可以帮助恢复晒黑的皮肤，使皮肤有光泽。

5. 把生土豆片贴在脸上可以减轻雀斑颜色和疤痕。

6. 黄瓜汁是很棒的紧肤水。把黄瓜汁均匀涂在脸上可以收紧毛孔。15分钟后用清水洗干净。

7. 酸橙汁也可以帮助恢复晒黑的皮肤。酸橙汁是天然的漂白剂。

8. 蜂蜜可以使皮肤细腻光滑有光泽，并减少皱纹。

9. 橘类水果汁是对付油性皮肤的好选择。

10. 用冰块摩擦皮肤可以收紧毛孔并促进血液循环。

各种肤质的洗脸窍门

干性皮肤：皮肤干燥、有粗糙感，缺乏弹性。洗脸时，可将玫瑰浸泡在水中，再加几滴蜂蜜，用毛巾蘸湿整个面部，温水冲洗完之后，再用毛巾慢慢把脸部擦干，这样才能使面部滋润、光滑、细腻，让其保持适度油性。

油性皮肤：皮肤光泽而细腻，极易沾染污物及粉尘，毛孔粗大，粉刺常常光顾。每日应彻底洁面两三次，保持面部清爽。最好用蒸汽洗脸，可使面部皮肤毛孔扩张，排除淤积于毛孔内的污垢，通畅毛孔，同时补充细胞新陈代谢所需要的水分。洗脸时可在温水中加几滴白醋，这样能更有效地清洁皮肤上过多的皮脂、脱屑和尘埃。

中性皮肤：皮肤结实有弹性，光滑湿嫩但不油腻，毛孔微细，无色素沉着。每周应彻底清洁一次皮肤，做点面部按摩（一般持续20分钟），按摩时以中指、无名指指肚由下而上、由内向外打小圈。按摩后可用点面膜和营养霜，让皮肤不干不腻。

混合性皮肤：根据脸部性质的不同，分别按油性或中、干性皮肤护理，也可综合性护理，以保持面部清爽、不干燥为原则。此种类型的皮肤最好选用油性较少的营养霜。

防止皮肤干燥的窍门

要想解决秋冬季节皮肤干燥的问题，可以多吃一些含不饱和脂肪酸、蛋白质或维生素 C 的食物。不饱和脂肪酸在芝麻、核桃等食物中含量较多。人体皮脂腺里分泌的油脂，主要成分就是不饱和脂肪酸；因此，多吃这些食物可以促进油脂分泌。

 ## 自制果蔬护肤液

1. 草莓营养液。

将一大匙捣烂的草莓，倒入一杯开水中浸泡，数分钟后，用纱布过滤，再加入半匙甘油。用于清洁、营养干性皮肤。

2. 苹果营养霜。

将一大匙苹果泥，一大匙奶油，一只蛋黄混合后加入半匙蜂蜜，抹在脸上，20~30 分钟后擦去。适用于干性和中性皮肤。

3. 黄瓜营养霜。

将鲜黄瓜汁同等量溶化的猪油和牛奶混合，有条件的话，加入一匙甘菊浸液和一匙橄榄油更好。适用于各种皮肤。

4. 绿叶营养霜。

将等量的鲜荨麻叶、芹菜叶、茉莉、玫瑰、花椒绞碎，放入 50 克人造奶油、10 克蜂蜡、一大匙含维生素 A 的油溶液中混合拌匀。适用于各种皮肤。

5. 芹菜防皱液。

将芹菜的根和叶粉碎，加 2 杯水煮 15~20 分钟，过滤后备用。早晚各擦一次脸和手。

6. 胡萝卜面膜。

将一根胡萝卜切碎，加一大匙牛奶，敷脸 15~20 分钟，然后用清水洗净。适用于各种皮肤。

7. 西红柿面膜。

将西红柿切片，加一匙牛奶、一匙葵花油，混合后贴脸 15~20 分钟，然后用温水洗净。适用于各种皮肤。

8. 香瓜面膜。

把香瓜揉碎，加入生蛋黄和 1 匙植物油，混合拌匀后敷脸 30 分钟。适用于中性皮肤。

 熬夜美容窍门

熬夜也要有技巧，才能依然身体硬朗，否则，铁打的身体，也受不了如此的日夜疲劳。因此，想要熬夜的您，千万记住以下几点：

1. 不要吃泡面来填饱肚子，以免火气太大，尽量以水果、土司、面包、清粥小菜来充饥。

2. 开始熬夜前，来一颗维他命 B 群营养丸，维他命 B 能够解除疲劳，增强人体免疫力。

3. 提神饮料，最好以绿茶为主，可以提神，又可以消除体内多余的自由基，让您神清气爽；但是肠胃不好的人，最好改喝枸杞子泡热水的茶，可以解压，还可以明目。

4. 熬夜前千万记得卸妆，或是先把脸洗干净，以免在熬夜的煎熬下长满脸痘痘。

5. 熬夜之后，第二天中午时千万记得打个小盹。生理时钟，一般而言是不容易补救的，补救的原则还是建议您改回原来的睡眠时间，尤其是熬夜会使生理时钟发生问题，此时要改回原先的睡觉时间会难，可建议您不论前一晚多晚睡，次日一定同一时间起床（如设定 7 点起床），白天想睡时不可卧床大睡，仅能趴着。

快速祛斑小窍门

1. 过期奶粉去斑。

把快要过期的奶粉拿来当洗面奶用，效果很不错，一段时间你会发现皮肤明显变得光泽润滑，斑也淡了不少。

2. 牙膏去斑去黑头。

将牙膏涂抹在有黑头的地方，涂得严严实实的，1～2 分钟后洗掉，就一点黑头都没有了哦。另外，每天睡前，洗干净脸后，将牙膏淡淡地涂于有斑的地方，10～15 天就能见效。

3. 淘米水去斑美白。

把化妆棉放在淘米水里浸泡后敷在两颊，长期用可以去雀斑，美白肌肤。淘

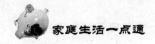

米水一定要在一个小时以内用，时间过久会有细菌。

4. 生蛋白去死皮。

把生的蛋白涂在皮肤上，可溶掉死皮。等蛋白干后用温水洗去，死皮便脱去，使人容光焕发。

5. 乳酪洁肤美白霜。

把 1 匙乳酪与 1 匙柠檬汁混合后涂在脸上，用热水洗净，然后涂上紧肤水及润肤品，肌肤就会洁白无瑕。

6. 花生酱改善粗糙皮肤。

将两勺花生酱涂抹在膝和手肘等粗糙部位，10 分钟后抹去，温水洗净。花生酱含有丰富的蛋白质和脂肪酸，有助软化及美化干燥的肌肤。

这些淡斑美白的小窍门只能在脸上停留 10 ~ 20 分钟，长期坚持，我们的肌肤绝对会有不一般的改变。

 ## 收缩毛孔的窍门

1. 冰敷：用冰过的化妆水将化妆棉蘸湿，敷在脸上或毛孔粗大的地方，可以起到不错的收敛效果。

2. 毛巾冷敷：把干净的专用小毛巾放在冰箱里，洗完脸后，把冰毛巾轻敷在脸上几秒钟。

3. 用水果敷脸：西瓜皮、柠檬皮等都可以用来敷脸，它们有很好的收敛毛细孔、抑制油脂分泌及美白等多重功效。

4. 柠檬汁洗脸：油性肌肤的人可以在洗脸时，在清水中滴入几滴柠檬汁，除了可收敛毛孔外，也能减少粉刺和面疱的产生（但浓度不可太浓，且不可将柠檬汁直接涂抹在脸上）。

5. 化妆棉 + 化妆水：将化妆棉喷上化妆水，轻拭出油的部位，对于毛孔粗大的你来说是清爽有效的。

6. 鸡蛋橄榄油紧肤：将一个鸡蛋打散，加入半个柠檬榨成的汁及一点点粗盐，充分搅拌均匀后，将橄榄油加入鸡蛋汁里，使二者混合均匀。平日可将此面膜存储在冰箱里，一周做 1~2 次就可以让肌肤紧实，改善毛孔粗大，促进皮肤的光滑细致。

7. 栗皮紧肤：取栗子的内果皮，捣成末状，与蜂蜜均匀搅拌，涂于面部，能使毛孔缩小，让皮肤富有弹性。

去鱼尾纹的窍门

1. 鸡皮和鸡骨：皮肤真皮组织的绝大部分由具有弹性的纤维构成，皮肤缺少了弹性纤维就失去了弹性，皮肤也就聚拢起来，形成色层纹。鸡皮及鸡的软骨中含大量的硫酸软骨素，它是弹性纤维最重要的成分。把吃剩的鸡骨头洗净，和鸡皮放在一起煲汤喝，不仅营养丰富，常喝还能使肌肤细腻，久而久之，色尾纹就会减轻了。

2. 啤酒：啤酒酒精含量少，所含的躁酸、味酸有刺激食欲、帮助消化及清热的作用。啤酒中还含有大量的维生素 B、糖和蛋白质。适量饮用啤酒（每天中餐、晚餐各饮 150～250 克），可增强体质，减少面部鱼尾纹。

3. 口香糖：每天咀嚼口香糖 5～20 分钟，可使面部鱼尾纹减少，面色红润。因为咀嚼能锻炼面部肌肉，改善面部的血液循环，增强面部细胞的新陈代谢功能，使鱼尾纹逐渐消退。

4. 脸洗干净后，把煮好的米饭揉成团，在眼角周围来回画圈，然后在脸上沿着自下而上、从里往外的顺序画圈，很快就会看到，皮肤毛孔内的油脂、污物全被吸出，白饭团变成了黑色。然后再用清水彻底清洗，涂上爽肤水，这样可使皮肤呼吸畅通，减少鱼尾纹。

治粉刺的窍门

大白菜叶片摊平，用酒瓶加以轻轻碾压，直到菜叶呈现网糊状，然后将叶片覆盖在脸部，让叶片的养分浸透到皮肤毛孔内，每 10 分钟更换一次，坚持数日，不但治好了让人烦恼的粉刺，而且还可美容，使皮肤保持娇嫩。

治青春痘的窍门

年轻人青春发育期，脸上易长青春痘，用泡桐花可治愈。其方法是：春天泡桐树开花时，采摘一把鲜桐花，晚上睡觉时，先以温水洗脸，取桐花数枚，双手

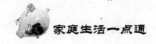

揉搓至出水，在患部反复涂擦，擦到无水时为止。然后上床睡觉，第二天早上洗脸。同法连用三天，一周后"青春痘"便会自然消失。

注：治疗期和病愈前，脸上不可涂搽任何化妆品。

 抗辐射的护肤窍门

1. 重视皮肤基底膜层的保养。基底膜层是供给表皮和真皮一切营养的基础，保护它的方法是使用一些神仙水之类能给皮肤提供高营养的保养品，让它有足够的能量。

2. 注意眼部保养。在眼部多按摩能改善血液循环，对消除黑眼圈有帮助，但切勿用力过度，否则会令眼部肌肉下垂。使用含有甘菊、绿茶、青瓜成分的护眼啫喱。每周使用眼膜一次。

3. 在使用过电脑后即刻清洁皮肤以免受到辐射伤害。

4. 多喝绿茶或清水。绿茶是起补水效果的护肤品。

5. 多食用含有抗氧化及抗辐射的蔬果、动物肝脏，同时摄取足量的维生素，以保护皮肤和视力。

 除黑眼圈的窍门

1. 冰敷。

用冰垫或冰冻了的毛巾敷在眼睛上，令眼睛周围的血管收缩，帮助眼周肌肤消肿，也能抑制充血。

2. 茶叶包敷眼。

把泡过的茶叶包滤干，放在冰箱中片刻，取出敷眼。记住一定要滤干，否则茶叶的颜色反而会让黑眼圈更加明显。

3. 土豆片敷眼。

土豆具有美白的功效，把土豆切成薄片，敷在黑眼圈处，美白黑眼圈处肌肤，从而改善黑眼圈的状况。

4. 鸡蛋银戒指转眼。

将蛋煮熟，去壳，用毛巾包住，再放入纯银戒指。闭上眼睛，在眼部四周转来转去，每边约10次。

5. 马蹄莲藕渣敷眼。

洗净马蹄莲藕，刮皮，然后将其切碎。将材料放入榨汁机，再加 2 杯水搅拌。将水隔渣，然后敷眼 10 分钟。

 去疤的窍门

1. 按摩法：用手掌根部揉按疤痕，每天三次，每次 5 ~10 分钟。这个方法对于刚脱痂的伤口效果最佳，对于旧伤疤效果比较弱。

2. 姜片摩擦法：生姜切片后轻轻擦揉疤痕，可以抑制肉芽组织继续生长。

3. 维生素 E 涂抹法：维生素 E 可渗透至皮肤内部而发挥其润肤作用，同时，维生素 E 还能保持皮肤弹性。但大家可能对维生素 E 去疤的功效还不太熟悉。把维生素 E 胶囊用针戳破，取其内的液体涂抹在疤痕上轻轻揉按 5 ~ 10 分钟，每天两次，持之以恒就会有比较好的效果。

4. 维生素 C 涂抹法：维生素 C 具有美白功效，把维生素 C 涂抹在颜色较深的疤痕上来美白疤痕，使之与周围健康的肌肤色调一致。

5. 薰衣草精油涂抹法：薰衣草的美容功效总是很神奇的，薰衣草精油淡化疤痕的作用也被广泛认同。不过薰衣草精油对于新疤和八年以上的旧疤效果不明显，而对于疤龄一到两年的伤疤效果比较好。

 呵护双唇的窍门

防治嘴唇干裂，可以从饮食上进行调整，多吃新鲜蔬菜，如黄豆芽、油菜、白菜、白萝卜等等。如觉得嘴唇干裂，不要总用舌头去舔，这会加速干裂的发生。有需要的话可以佩戴口罩，以保持嘴唇的温度和湿度。

1. 使用护唇膏。冬季无论男女都应呵护双唇，使自己健康地度过寒冷的冬天。

2. 摄取维生素 B 族，多食新鲜蔬菜等。

3. 补充水分。充足的饮水量，对于人体机能的均衡有极大的帮助。

4. 少舔嘴唇。短暂的湿润，会引起唇黏膜发皱，加剧干裂，严重者还会继发感染、肿胀。

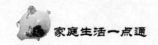

 颈部保养的窍门

颈部保养时，可选用温和的清洁剂和润肤液，每次洗脸时同脸部一并清洗。不论您的脸部皮肤是油性或是干性的，颈部的护肤剂均宜使用油脂成分较大的，因为颈部皮肤属于干性的。所有的含油脂的润肤剂均适用于颈部。

1. 除经常运动、按摩和保养颈部皮肤外，还应令颈部少受日光的直接曝晒。因为曝晒会使皮肤中的水分过多挥发以致起皱，变厚、变粗糙。

2. 冬天穿高领毛衣时，在毛衣前选择棉质高领上衣打底，避免颈部与毛衣领摩擦。晚上为颈部按摩时，可选择有美白功效的按摩膏，使颈部的色素减少。

最好选择含海洋精华成分或中草药成分的天然型颈膜，它不仅可滋润颈部肌肤，还能减少皱纹形成．延缓颈部衰老，恢复颈部肌肤弹性、最好再加上一层牛奶，这样就可以达到保湿膜的效果。

3. 当颈部及双臂疲劳时，可用热毛巾暖敷两分钟，增加血液循环。勿用太热的水触及颈部肌肤，否则刺激皮肤老化，出现颈纹。

另外，防晒应使用日晒面霜日间外出时，颈部亦应该做足防晒措施。如经常搽防晒指数（SPF）15 或以上的防晒油，以避免 UVA 破坏皮肤的真皮纤维组织，晒出皱纹来。

注意一下日常生活的习惯。如果需要经常做低头工作的话，记得不时要抬起头来，别整天将头垂下，最好每隔一小时便伸伸懒腰和伸展颈部。

 保养双手的窍门

我们的手由于长年暴露在外，频繁使用，致使皮肤粗糙、皱纹加深，冬季易于角化开裂，因此，养护双手是保持手部健美的关键。

伤害手部皮肤的敌人，一是水，二是去污粉和家用清洁剂等。暴露在日光、湿气、海水、泥土中，对手也都很不利。

所以手要做很多工作时，为不使皮肤粗糙，做繁重劳动时应戴上手套，运动和活动后要及时洗手并涂以护肤品，以防皮肤发干或开裂。在做沾水的工作时，应戴上橡皮手套。有棉布衬里的手套更好，因为可以更容易吸收多余的湿气。在做园艺工作时，戴粗布手套为宜。做家务事则宜戴棉布手套。

干性皮肤的手应涂搽油质霜，油性皮肤的手则应使用粉质类护肤品。寒冷的天气或雨雪天气，出门要戴好手套。

如果从事繁重的工作而使手部皮肤增粗，可在每天临睡前涂敷营养护手霜剂，辅以按摩以松弛局部的皮肤。

 修护双手的窍门

1. 指甲底油：涂彩色指美甲油之前，一定要在指甲上涂一层底油，避免指甲变脆，也可让指甲油效果更好更持久。

2. 卸除指甲油：卸除指甲油的工序必不可少！应尽量避免选用含丙酮成分的卸甲水，它会让你的指甲变得粗糙又脆弱。颜色较浅的，不含甲醛成分的指甲油，比较有助于指甲的健康生长。

3. 经常使用护手霜：任何季节，都该配合手部肌肤的特征，选用不同类型的护手霜；干性皮肤，应选用含甘油、矿物成分的护手霜，肤质粗糙的双手则应当选用含天然胶原、维生素 E 的润手霜。

4. 饮食养护：除了一系列的护手步骤，均衡的饮食习惯也与指甲的健康密切相关，多摄取一些维生素 B 和含铁的食物，能防止指甲断裂。

5. 用醋擦手可护手：在做完家务活后，用香皂将双手洗净、擦干，涂上醋，搓一搓，再抹上护手霜，套上塑料手套或小塑料袋。一小时后取下，双手会变得柔滑细腻。

6. 用牛奶或酸奶护手：喝完牛奶或酸奶后，不要马上把装奶的瓶子洗掉，一定要对"废品"进行充分利用。将瓶子里剩下的奶抹到手上，约 15 分钟后用温水洗净双手，这时你会发现双手嫩滑无比。

7. 鸡蛋护手：用一枚鸡蛋去蛋黄取蛋清，加入适量牛奶、蜂蜜，调和均匀后抹在手上，几分钟左右洗净双手，再抹护手霜。每星期做一次对双手有去皱和美白的功效。

8. 用醋或柠檬水等洗手：双手接触洗洁精、皂液等碱性物质后，用柠檬水涂抹在手部，可去除残留在肌肤表面的隐蔽性物质。

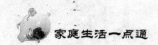

 ## 怎样保养手臂

保养手臂，首先应每天坚持保持其清洁。清洁时，可用香皂等清洁剂。肘处可用较浓的清洁霜或用柠檬擦；如果很粗糙，可用燕麦和水的混合浆状液去按摩、涂擦。清洁后，应用润肤液滋润，从手腕到肩部都应涂遍。肘处的皮肤由于长期压在桌上，滋润时应格外加倍涂敷。滋润完毕，可用手心按摩臂部皮肤，令肌肉得以刺激，促进血液循环。每天做手臂运动，以防手臂肌肉松弛。

 ## 让双脚滑滑嫩嫩的窍门

让双脚滑滑嫩嫩其实很简单，就是要用到芒果的核。把芒果核晒干，最好用大的，象牙芒果的核就够了。将上面的果肉弄干净，晒干以后，要备足 7～10 天的。每天晚上用一个核加水煮至 7 成开。放凉（也可以加少量冷水），泡脚。坚持 7～10 天，就会有感觉的。最好泡完后涂上护足霜效果会更好。

 ## 去黑头独门秘方

1. 盐加牛奶去黑头。

（1）最好用没有用过的食盐，可以在刚开封时用小瓶单独装起来。

（2）每次用 4～5 滴牛奶兑盐，在盐半溶解状态下开始用来按摩。

（3）由于此时的盐未完全溶解仍有颗粒，所以在按摩的时候用力必须非常轻。

（4）半分钟后用清水洗去，按摩时间不能太久。

（5）为了让皮肤重新分泌干净的油脂保护，洗完之后不要再擦任何东西。

2. 用珍珠粉去黑头。

（1）在药店选购质量上乘的内服珍珠粉。

（2）取适量珍珠粉放入小碟中，加入适量清水，将珍珠粉调成膏状。

（3）把调好的珍珠粉均匀地涂在脸上。

（4）用按摩的手法在脸上按摩，直到脸上的珍珠粉变干，再用清水将脸洗净即可。

（5）每周可用两次。能很好地去除老化的角质和黑头。

3. 蛋清去黑头。

（1）准备好清洁的化妆棉，将原本厚厚的化妆棉撕开成为较薄的薄片，越薄越好。

（2）打开一个蛋，将蛋白与蛋黄分开，留蛋白部分待用。

（3）将撕薄后的化妆棉浸入蛋白，稍微沥干后贴在鼻头上。

（4）静待 10 ~ 15 分钟，待化妆棉干透后小心撕下。

4. 鸡蛋壳内膜去黑头。

鸡蛋壳内层的那层膜，把它小心撕下来贴在鼻子上，等干后撕下来。这是很多人都说好的方法。坚持几次，不仅可以去除黑头，而且可以收缩毛孔。

5. 米饭。

由于米饭中含有酵素和维生素，能软化皮肤角质，另外米饭的黏度具有一种天然的清洁功能。每次蒸完米饭捏一小团在脸部均匀揉搓，尤其在有黑头的地方，效果非常明显。

6. 小苏打。

（1）将一勺小苏打放在水中稀释一下。

（2）把化妆棉浸泡在稀释好的水中，完全浸泡后取出，稍微拧一下水，把它敷在鼻子上，小心不要使它接触到眼睛，15 分钟后取下。

（3）症状严重的黑头就会自己冒出来，症状轻的用手轻轻地搓鼻子，黑头就可以出来，清理完后用清水洗净，再用紧肤水涂抹鼻子，收缩一下毛孔。

 脱毛知识小培训

女性体毛过于浓密，阻碍美观，而现今的脱毛方法有以下六种：

1. 钳/夹子：多适用于眉毛、唇毛或耳毛。

2. 脱毛霜：多适用于腋下、手、脚。

3. 脱毛蜡：分热、暖及冻蜡，热蜡多用于较粗、浓密的毛，如腋下；暖蜡适用于身体各部位；冻蜡即一般即用蜡贴，适用于较幼嫩、疏落的毛发，如：眉、唇、手、脚等部位。

4. 电子剃刀或脱毛器：可因不同部位而选择配用不同型号的脱毛器。

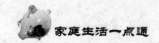

5. 漂毛剂：为免痛楚或引起敏感而放弃脱毛者，可选择具漂白脱色作用的漂毛剂，一般适用于手背及手指部位。

6. 电针永久脱毛：以电针直插入皮肤深层以电死毛囊，一般适用于腋下，但由于此方法较危险，因此较少人选用。

注意：糖尿病患者、坏血病患者（微丝血管浮现）、皮肤病患者、皮肤薄和患静脉曲张的人士不宜脱毛。

第二节　化妆窍门

化妆一方面可以增加女性的美丽，另外一个方面在社交礼仪上也是对别人尊重。好的妆容能掩盖不足，更加突出您的长处。因此，掌握一些化妆的窍门不仅能让您的妆容更加完美，还可以让化妆轻松简单、省力省时更省钱。

选择适宜的化妆品：化妆品里含有各种不同的化学成分，假如这些成分对皮肤的刺激超过了皮肤的承受能力，就会引起接触性皮炎；对有过敏体质的人，还可以引起过敏性皮炎，发生化妆品的逆反效果，皮肤出现红、肿、热、痛、痒，重者可以发生水疱和色斑。

所以当使用新化妆品时可以做一个安全性的小试验：把将要用的新化妆品涂抹在一小块白布上，贴敷在容易观察而又不影响美观的皮肤上，上面再盖上一块比白布稍大的塑料薄膜，用胶布固定。24 小时后揭去白布，观察皮肤的变化。如果贴敷部位的皮肤有痒感和出现红斑，用这种化妆品，就可能引起接触性皮炎或过敏性皮炎，如果出现红肿、丘疹、水疱，这种化妆品对于受试者，就绝对不能使用了。

也可将化妆品涂抹于耳后，连续实验一个星期，确认无异常出现后，即可大胆使用。

 化妆棉的使用窍门

化妆时，先把微湿的化妆棉放到冰箱里，几分钟后把冰凉的海绵拍在抹好粉底的肌肤上，你会觉得肌肤格外清爽，彩妆也显得特别清新。

 ## 巧打粉底掩盖皱纹

一般人过了 25 岁，眼角、眉心、嘴角就会开始出现或多或少的皱纹。想要掩盖只能靠化妆来修饰，最常见的方法就是打粉底。在打粉底时，切忌重重地涂抹，应该轻拍让粉底完全服帖。还应注意，不能将粉底垂直于皱纹的走向或直线抹擦左右横向的皱纹，而应顺着皱纹的走向轻轻敷粉底。否则，会使皱纹更为显眼。

 ## 掩饰雀斑、疤痕或胎记

在抹普通粉底时，应将长有雀斑等斑痕的地方突出不抹，然后在这些地方涂以较浓的油性粉底，并以之为中心向周围伸展，使颜色自然地、不留痕迹地由浓转淡。采用这种手法时，应注意先抹的普通粉底与用来掩饰的浓粉底一定要相融合，不留痕迹。打完粉底后，可用散粉扑面，以达到更好的效果。

如果斑痕的颜色与肤色相差不大，可选用与粉底相似的盖斑膏；若斑痕为黑色或红色，要用较浅色调的盖斑膏遮掩；白色的疤痕等则可用较暗的盖斑膏，涂在所要掩饰的部位，轻轻揉匀，令其边缘与粉底相融合。脸色较深者，可使用控制色来调整肌肤的色彩。一定要根据自己的皮肤颜色选择适合自己的颜色，这样才能真正无瑕。

 ## 巧用胭脂改变脸型

一般说来，鹅蛋形的脸庞被认为是最富魅力的。可以利用胭脂使你的脸型变得美丽些。

1. 尖形脸：用较深色的胭脂抹在下巴处，面颊的胭脂要涂成圆形横条状，并且距离鼻翼要稍远一点，使脸显得短些。

2. 长形脸：将胭脂轻轻往上抹成一圆形状，同时在下巴处加上胭脂，产生阴影作用，令脸型趋于圆形。

3. 圆形脸：在颧骨下，将胭脂作横条状略斜往上轻涂。

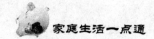

4. 方形脸：将胭脂由颧骨底略微向上，抹成略大的三角形，可将方形脸变为杏形脸。

5. 腮骨突出：将胭脂在面颊上涂成略大的三角形，由颧骨到腮骨。不过圆颊处色调要略浅，而腮骨处要采用较深色的。这样，过大的腮骨会给掩盖住。

让眼睛又黑又亮的窍门

黑色的眼线液比起眼线笔漆黑有效果，也较不易晕开。沿着睫毛根部画，愈贴近内眼睑的黏膜，愈能让眼线和瞳孔连为一体，黑瞳大眼的效果愈明显。

1. 用眼线液前，在手背上（在卫生纸上，眼线液反而被吸光）先顺一下笔尖和眼线液量。

2. 手指将眼皮向上撑开，清楚地看到睫毛的根部，眼尾→眼中→眼头，分2段描出眼线。

3. 再用黑色眼线笔描一次眼线，在眼尾稍微拉长1毫米。

4. 在黑眼球正上方，再补一条和眼珠同宽的、略粗一点的眼线，使眼珠看起来更圆大。

5. 用棉花棒轻轻晕开眼线，眼线更柔和自然。

6. 以咖啡色眼线笔（或眼影也可以），描出下眼尾1/3，让眼珠更漆黑。

画眼线的窍门

1. 画笔与眼睑的水平线应成30～40度角，倾斜地描绘；将内手腕托腮位来涂画眼线，一定要维持好手的定力，才能使线条更柔和、流畅。

2. 描画眼线时，尽量用笔尖的侧面着色，才能画出富于粗细变化的线条。

3. 以5厘米为单位，往返渐进，直到眼尾，描出的眼线精致且着色充足。如不习惯则可用眼线笔先做点描，然后再使用海绵小棒将各个点连成线。

4. 若想效果自然柔和，可用棉棒轻拭眼线尾部，将色调调匀。

快速补妆的窍门

化好的妆面很容易被外界的环境破坏，因此，随时补妆对保持妆面的完整是非常必要的。当然，快速补妆也是有一定窍门可循的：

1. 随身备带吸面油纸，方便迅速去除分泌的面油。

2. 若没有带眼线笔，可用湿刷子蘸眼影粉来替代。

3. 喷射矿泉水在脸上，再用面纸吸干，可代替爽肤水。

4. 要使化妆保持得长久，可用润肤膏搽在干燥处，油脂分泌较多处应搽爽肤品。

5. 搽唇膏要省时且效果好，可先用自然色唇膏搽上唇，然后再用同色唇笔描出唇型，最后才搽上配衬衣服颜色的唇膏。

6. 在眼部化妆之前，先在眼下扑一层粉，眼部化妆的粉屑跌到眼下，只要用刷子一扫便成，不会弄污脸及所有化妆了。

 彩妆新手必知的粉饼上妆法

1. 确认粉扑蘸粉的分量。

以中粉扑蘸粉的量为一次蘸粉标准（约为1/3粉扑），以平行按压方式蘸粉。

2. 从脸颊开始搽粉。

从脸颊内侧到外侧的方向搽粉，以步骤1的蘸粉量蘸三次粉，搽完脸颊上、中、下三区。

 打造水嫩双唇的窍门

拥有一双娇艳欲滴的嘴唇，是女人们梦寐以求的，除了基本唇彩上妆，其实只要再增添几个简单要诀，也能拥有媚惑人心、亮丽迷人的完美嘴唇。

1. 迷人唇彩的必备小工具。

唇刷、面纸、棉花棒，唇刷可轻松描绘完美饱和的唇彩，面纸是不小心涂抹过多的唇彩时可随时擦拭的工具，而棉花棒则是可修饰轮廓的重要功臣。

2. 唇笔与唇彩的搭配使用。

唇笔可勾勒出精致的唇形，而唇膏则依个人喜好及功能性做不同选择，颜色淡的唇笔与淡色系唇彩可创造唇彩一致的效果；若是深色系的唇笔搭配淡色系的唇彩，则可使唇部轮廓立体化；而深色的唇笔与唇彩有让嘴唇突出的显明效果。

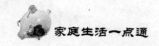

3. 增添立体感可先涂抹唇膏再上唇彩。

先用唇线笔描画出唇部轮廓后再涂抹上唇膏，接着在嘴唇中部涂上足够的唇彩，从唇的中部向外抹开，唇的边缘要涂得薄一些；直接涂抹唇彩时，若先描画唇线能防止唇彩溢开，但是也可不画唇线，会显得较自然清新。

 ## 口红调色窍门

教你五种口红调色魔法，只要你勤学苦练大胆尝试，普普通通的唇色也可以调出新意来。

1. 不用互补色：互补色搭配能让彼此更显个性，更鲜艳，但互补色（如红绿、黄紫、蓝橙）混合，则会出现一种说不清道不明的肮脏颜色，如果你把这些颜色涂到嘴上更是一种灾难。

2. 珠光亮彩最后涂：珠光亮彩之类的特殊质感口红，不要在涂上双唇之前就与一般口红混合，这样会削弱它们特殊的视觉效果，建议用先"一般"后"特殊"的涂法，会更有层次感。

3. 先浅后深：手边没有唇刷时，无法直接将深浅不同的口红混合在一起，先浅后深的涂法能免除深色压过浅色的后患。

4. 外深内浅：担心自己唇型不够优美饱满的你可以用外深内浅的涂法，深色勾勒轮廓，浅色填充，深浅两种唇色之间，一定要用唇刷刷匀，否则界限过于分明就太不自然了。

5. 黑白调明暗：如果你喜欢某种颜色的唇膏，但它的明暗度与你的肤色不相称，可利用黑白两色唇膏直接与你喜欢的口红调在一起，将明暗度调整到最理想的状态。

 ## 指甲油长久不脱落的窍门

指甲油长久不脱落法：涂指甲油之前，先用棉花蘸点醋把指甲擦干净，等醋干后再涂指甲油，这样指甲油就不容易脱落了。

指甲油的妙用

1. 涂在纽扣缝线上，可防止缝线脱落。

2. 涂在手表的镜面，可防止刮痕。如果没涂好，镜面会有波纹，故贵重的表可以用保鲜膜代替。

3. 涂在银制装饰品表面，就不会硫化变黑。

4. 涂在瓷器粗糙的底部，可防止将桌面刮花。

 眼部卸妆窍门

1. 先用化妆棉蘸眼部专用卸妆液，在眼部轻按 5 秒，让它有充分的时间溶解睫毛、眼线上的防水成分。

2. 用化妆棉蘸眼部卸妆液，顺着睫毛从上而下清理。下睫毛和下眼线可用棉花棒或棉片蘸取眼部卸妆液做局部清洁。戴隐形眼镜或眼睛易过敏的人，一定要选择温和不刺激的卸妆液。

3. 按眼皮的肌理，右眼顺时针，左眼逆时针，同时清洁，这样做可以避免过度拉伸眼部肌肤产生细纹。

4. 清洁按摩后，可用干净的棉花棒或化妆棉擦拭。

5. 可重复以上步骤，确定卸妆干净了即可。

 脸部卸妆窍门

1. 准备几片化妆棉，适量深层清洁乳，一次的用量大约需要 2 茶匙。

2. 以手指取代手掌搓揉，可以使清洁乳的泡沫更均匀。

3. 从脸颊、额头开始清洁，以指腹从脸颊的部位以螺旋方式轻轻揉开。

4. 留意凹处及容易脏的部位，如鼻梁凹处，可用指腹轻轻按摩数分钟。

5. 当清洁乳的颜色变成粉底色时，即代表已经完成清洁过程了，然后你可以用面纸由内侧到外侧小心擦拭，再使用卸妆乳液。

6. 倒出约一茶匙的卸妆乳在手心上，轻轻地擦在颈部、面颊及额头。

7. 将化妆棉由颈部开始清洁，渐渐移到下颌、脸颊、鼻子等部位，化妆棉

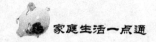
使用过后，就应立即丢弃，避免再次使用。可以连续用化妆棉擦拭 2~3 次，到化妆棉不留下粉底颜色为止。

8. 取一小片干净的化妆棉，蘸些化妆水，轻拍于脸部，此步骤非常重要，能除去清洁乳的残留物，使皮肤保持酸碱平衡。

 唇部卸妆窍门

1. 将持久口红专用的卸妆液，倒在化妆棉上，将化妆棉完全蘸湿，轻敷双唇数秒。

2. 等卸妆液溶化口红，再以化妆棉横向擦拭唇部。

3. 换一张新的化妆棉，同样用卸妆液蘸湿。

4. 用嘴唇的力量将嘴唇往左右两侧拉开，如果仍有残余，可以用棉花棒蘸唇部卸妆液仔细拭去。

 清洗彩妆工具有招

清洁好化妆工具是保障化妆效果一个不可忽视的环节。化妆工具一般分为很多类别，在清洁的时候重点要注意，像毛刷类的，还有粉扑类的，最后还有一些像睫毛夹、眉夹、小剪刀这样金属类的，各种不同的化妆工具清洗的方法各有不同。像毛刷类的这种化妆品，特别是比较珍贵的，真毛制成的毛刷用品，一定要用专业的清洁剂进行清洁。这种清洁剂可以彻底地清除掉残存在毛刷上的化妆粉粒和色彩，同时对毛刷本身也有比较好的滋润和调解弹性的功能。此外它也有消毒的功效，如粉扑这种化妆工具，对化妆品的污染也是很严重的，每次使用后都要进行清洗。

专业的化妆系列用品中有专业的清洁剂，但对于大部分消费者来讲，使用一般的香皂就能比较彻底地清洁掉彩妆工具中的彩妆残留了。金属类的化妆工具，就要用 75% 的酒精进行彻底清洁。像毛刷这么重要的产品，在没有专业的清洁剂的情况下教给大家一个小小的窍门：用婴儿洗发水清洗会有意想不到的效果。

挑选眼影刷的窍门

1. 在肌肤上轻扫几下，触感温柔舒适，没有任何刺痛感。
2. 用手指夹住刷毛，轻轻往下梳，没有掉毛现象。
3. 将刷子轻按在手背上，呈现完美半圆形，剪裁整齐，弧度完美。

眼影刷可以粗分为用于晕染的大眼影刷，在眼窝、眼皮褶皱等部位使用的中眼影刷和用于上下眼线、眼尾等精细部位的小眼影刷。各个品牌虽然对刷具都有更细致的分类，但一般来说，日常眼妆准备 3 把刷子就够用了。

 挑选化妆海绵的窍门

面对种类繁多的化妆海绵，到底该如何选择呢？化妆海绵主要有以下几种类型：

1. 质地细密。

表面上几乎看不出什么空隙，摸起来很光滑。这种海绵除了可以洗脸之外，还有粉底的功能。

2. 表面空隙较大。

此种类型的海绵去角质功能极佳，可由于其表面较粗糙，对皮肤的伤害也大，不宜经常用它，否则会留下可怕的后遗症。

3. 干扁状。

外表平整，薄薄的一片，看起来不怎么显眼，可它是用木浆做的，吸水性相当好。

4. 条状。

表面纹路较粗，吸水量没有干扁状的多，但它的优点是外出携带方便。

不论选用哪一种海绵，在这里要提醒的是：海绵一周最多只能用两次。否则，经过长年累月的"搓"，皮肤会变得更加粗糙。

在挑选海绵时，主要以它的触感和弹性为首要的判定因素。摸起来应该有柔软的触感，并且富有延展性。由于海绵怕光，包括商店里的灯光都有可能损坏它的质量，所以在购买海绵时，如果是挂成一排，不要拿第一个，而应拿其后面的，因为后面的海绵不会享受更多的"日光浴"。另外一个最实际的辨别方法是

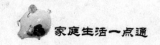

将海绵对折，互相搓一搓。如果没搓几下就掉海绵屑，就该把它淘汰了。

一般来说，化妆海绵的寿命大约是一年。对于每天上妆的人，最好三个月到半年就更换一次，以确保肌肤永远娇嫩细腻。

 使用精油的窍门

不同的皮肤症状要选择不同的精油，不管是干性皮肤、敏感性皮肤；也不管是抗衰老还是美白，都有适合的精油。

1. 干性肌肤：薰衣草、檀香木、橙花、玫瑰、天竺葵。

2. 油性肌肤：佛手柑、尤加利、薰衣草、茶树、柠檬、迷迭香、天竺葵、檀香木。

3. 混合性肌肤：依兰、茉莉、薰衣草。

4. 过敏性肌肤：薰衣草、檀香木、橙花、玫瑰、甘菊。

5. 抗老化、抗皱：天竺葵、佛手柑、檀香木、橙花。

6. 皮肤发炎：甘菊、天竺葵、薰衣草。

7. 美白：柠檬、佛手柑。

8. 青春痘、消炎：茶树。

9. 湿疹（干性）：薰衣草、檀香木、天竺葵。

10. 湿疹（湿性）：佛手柑。

如果你的肌肤一到秋冬就变得干燥、过敏，下面的几种简易调配法，能帮助你解除烦恼。

1. 非常干燥、脱皮：玫瑰精油＋檀香木精油＋甘菊精油。

2. 过敏、发痒：玫瑰精油＋薰衣草精油＋甘菊精油。

3. 皮肤缺水、老化：玫瑰精油＋橙花精油＋茉莉精油。

4. 皮肤干燥但会出油：天竺葵精油＋薰衣草精油＋依兰精油。

 识别各类化妆品的安全期限

国家有关部门对化妆品规定了安全期限，在产品的包装上都有安全期限标明。当化妆品的浓度、色泽、气味不正时，说明均已变质，要停止使用。以下介绍一些化妆品的安全期限供参考。

1. 粉底。其期限为 2 年左右。贮存时要避免日光照射。粉底在用过 1~2 年后会硬化、变色或发出异味。这表明其中的油脂成分已腐败，不宜再用。

2. 唇膏。唇膏中含有蜡的成分，故而寿命可长达数年。由于唇膏可以从空气中吸收水分，所以最好存放在冰箱中，避免阳光照射和高温条件下存放。

3. 香水。可在室温中贮存 1 年。当香味变淡，发出酸味时即应丢弃。

4. 乳液。乳状乳液的安全寿命为 1~2 年；水状乳液变质较快，安全期限为 1 年左右。一旦发出异味，就意味着已变质。

5. 睫毛膏。打开后使用期 3~6 个月，一旦开始变浓或结块，不可再使用。

6. 眼影。霜状眼影的安全寿命为 1~2 年；粉状眼影因不会氧化或含水，能维持较久，安全期可达 3 年以上。宜在室温下存放，注意不要让阳光曝晒，以防褪色。

7. 眼线笔。液状眼线笔可存放 3~6 个月，一般眼线笔可存放 8~10 年。

8. 喷发剂、定型剂等使用保质期为 18 个月。

第三节　科学减肥

减肥已经成为一种时尚，不只女性热衷于此，男性也不例外，减肥药、健身房……可谓方法用尽，花费不菲不说，效果也不一定好。减肥科学，有效又省钱，小窍门来帮您忙！

 随时随地的瘦身窍门

1. 等车：用这些零散时间活动脚趾和踝关节。放松肌肉，向两个方向转动踝关节，使之更为灵活，活动双腿则能减轻腰部的压力。

2. 排队：可进行腹部肌肉锻炼。收紧腹部 2~3 秒钟，然后放松休息。或者夹臀，使臀部俏丽紧实。

3. 做饭时利用空闲进行下蹲锻炼，弯曲膝关节和小腿，可以使膝部以及小腿柔软并富有弹性。

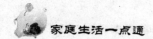

4. 看电视：不要过多地坐在不能支撑后背的椅子上，应伸展身体的各个部位。

5. 伏案工作：可进行转动脖子和双肩的练习，也可作深呼吸。

 瘦脸按摩小窍门

1. 捏按面部肉多的地方。涂上按摩霜，在面颊肉最多的地方捏按，由内往外拉伸，动作一定要轻柔。

2. 揉按面颊。手掌紧贴双颊，由内到外按摩，大约 1 分钟。

3. 托下颌。双手轻托下巴，有节律地做 1 分钟。

4. 轻托脸部。双手放于下颌，轻轻按摩并提拉。

5. 双手轻抚面部。轻轻抚摸整个面部，停留 3 分钟。

 减腹部赘肉的窍门

1. 仰卧起坐是一种无氧运动，首先要屈膝平躺在地垫上，双手轻捏耳垂（绝对不能抱在颈后）或交叉于胸前。当身体升起时呼气，应收紧腹部肌肉并稍作停顿．然后慢慢把身体下降并吸气。背部不用着地，和地面形成一个小于 45 度的角度，便可以开始下一个循环的动作。需要注意的是，每次做的速度不用太快，否则腹肌不能得到充分的锻炼。另外，做仰卧起坐时只要头、肩和背的上半部起来即可，若上半身全部坐起来，用的不是腹肌而是其他肌肉。在做仰卧起坐时，要把注意力集中在腹部。不要伸直腿做，那样会使你的腰感到不适。对于仰卧起坐的次数，只要适度即可。

2. 坐在椅子上，身体和大腿呈 90 度角，背要坐直。双手放在大腿两侧，扶住椅子边缘。腹部用力，以慢数到 5 的速度，试着把膝盖朝胸部方向抬高。在最高点稍停一下，然后以慢数到 5 的速度，将腿缓缓放下。这个动作能够消除腹部脂肪，紧缩腹部肌肉。不过要小心一点，双手不需用力，只要轻松地放在大腿两侧就好。而且身体不能靠椅背，必须很明确感觉到就是肚子在用力。做此动作量力为之，但每次最好不间断地至少做 6 个轮回，可以休息一会儿再重复一组，以后再慢慢增加。

3. 伸直背脊坐着或站立，缩回腹部，持续大约 20 秒，然后放松。做这项运动时应保持正常呼吸，每天重复做十几次，坚持一段时间即可达到效果。

消除脂肪堆积的窍门

每天利用早、晚卧床时间，用自己的手尽力抓起肚皮，从左到右或从右到左捏揉，然后从上至下或由下至上顺序捏揉，使腹部感到酸、胀、微疼为度，最后再用手平行在腹部按摩。此法可促进脂肪的"燃烧"，减少堆积。

减去下腹赘肉的饮食窍门

1. 要减去这部分肉可以多喝乳酸菌饮品清肠，增加乳酸菌和纤维素的摄取量能改善便秘问题，加速肠胃活动机能，成功赶走废物。

2. 少盐防腹胀。摄取过量盐分会增加淀粉质的活性，促进身体吸收淀粉质，而且盐分是造成体内积水的重要因素，想谢绝水肿，就要戒吃浓味食物。

3. 人体每日基本需要饮水 2000 毫升，即 8 杯清水，果汁、咖啡、奶茶另计。当摄取水分不足，便有碍肠胃蠕动，因而产生便秘。试试每早起床后喝一杯温水，你会发觉便意顿生，非常利于排走体内的宿便。

腰部减肥窍门

"水桶腰"足以令你身体毫无线条可言，主要是因为贪吃之故，所以要注意节制食量。慢嚼食物多吃菜以减食量。每餐细嚼缓缓品味，可以令你提前觉得饱意，还要在主菜来前先吃一盘生菜沙拉，既饱肚又不怕肥。而且尽量戒食煎、炸、油腻品，多选清蒸煮法。

简单运动减肥的窍门

1. 自行车是减肥的工具，根据统计：75 公斤重的人，每小时以 9 英里半的速度，骑 73 英里时，可减少半公斤体重，但必须每天持之以恒。

单车运动，不只可以减肥，还使你的身段更为匀称迷人。借运动减肥，或边节食边运动的人，身材比只靠节食减肥的人来得更好，更迷人。

2. 跳绳是受到人们广泛欢迎的一种运动形式，也是一种良好的减肥运动。

其动作简单，对场地、器械、天气等的要求较少，各个年龄层次的人都可根据自己的身体状况选择不同的跳绳的强度。实践表明，跳绳运动对减肥确有明显的效果，特别是有助于减少腿部和臀部的多余脂肪。同时，跳绳对心血管能起到一定的保护作用。

跳绳的动作较为简单，首先用双脚跳，再过渡到两脚轮流交替跳。每日跳 5 分钟为一节，每天可跳五六节，每周跳 6 天，待适应后可逐步加量。跳绳时应选择平坦且稍软的地面，以避免在过硬的石板地或水泥地上跳绳时可能造成的伤害。也可以参与多人跳绳运动，跳绳的方式可不断变换，以增加减肥运动的乐趣，达到更好的疗效。

 沐浴减肥的窍门

晚上睡前来一个舒服的热水浸泡浴是最理想的减肥方法，一边泡澡一边出汗，既可冲走肌肤表面的污垢，排走积聚体内的多余水分和废物，消除浮肿同时促进新陈代谢。据说入浴一小时可消耗 100 卡路里。如果再加上以下几招入浴瘦身操，魔鬼身材很快现形。

1. 先放一缸温度为 38℃~40℃热水，半身浸 5 分钟。
2. 双手放后支撑身体，双腿轮流上下踢动。
3. 结实胸腹肌肉，左右手掌互相施压，动作维持 5 秒后放松。
4. 双手放后，双脚屈曲坐下，提起臀部然后放回原位，重复动作。
5. 伏在浴缸里，双手倚住缸边，膝头跪地，双腿内曲，尽量贴近臀部。

 甩掉蝴蝶袖的窍门

每天 10 分钟的俯卧撑，打造完美手臂。

1. 起始姿势：双手间距离比肩宽要稍微宽一些，指尖分开 1~2 厘米，脚尖点地，后背要平，手臂肘部自然支撑，收腹。

2. 放松腹部，臀部向下贴近地面，此时双臂应该是直的。保持这种姿势一小会儿然后收腹返回到起始位置。腹部仍然保持收紧数 10 秒钟，反复做 15 次。

3. 双肘弯曲，身体慢慢向下，背部保持水平，直到胸部快要贴近地面为止。

4. 慢慢地使上半身贴在地面上数 10 下。稍休息后从起始姿势开始重新做 10

次，一周后你觉着可以开始尝试做一个俯卧撑时，连贯地做第一步，然后第二步，尝试用手臂把自己的身体撑起到起始姿势。不断地增加次数，就会拥有优美的手臂曲线。

轻松打造背部线条

右脚置于左小腿之上。上身弯曲，右膝盖垂下放松。练习30次。换左腿练习。倘若你的腰骶部非常僵硬，那你可坐在小板凳上练习。

双脚叉开如同髋宽，脚后跟踏地面，双手置于背后。将盆膈和尾骨挺直向后拉，头顶向前伸。用盆膈将上身像折叶盖那样举起，然后下降，12～30次。

右腿置于椅子上，脚趾朝天。左膝盖微微弯曲。用右手将右坐隆肌后拉，直至整个腿部和髋上产生一股强伸展力为止。双手放在大腿上，上身向前弯曲，伸展30次。换左腿练习。

大腿健美的窍门

伸展运动是大腿健美的最有效的方法之一。两臂下垂，一腿膝下蹲，背部保持挺直，另一腿向后伸，直至与地面平行；或者在同一位置，另一条腿向侧面伸直，直至与身体成90度角，试着在每一条腿上做3组（每组10次）这种运动。这种锻炼也可以在身体站立时进行，一腿站立并保持身体挺直，另一条腿向侧面伸和向后伸，尽量使大腿平直且与地面平行。

伸腿运动也可侧身进行，在床上或地板上身体平直地侧卧，一腿紧靠地板，另一腿向上抬起，直至该腿与身体成45度角，然后将上腿以45度角支撑在一个桌子或椅子上，再抬起靠地板的腿使其与上腿并拢。

改善橘皮的窍门

人体最容易长出橘皮组织的地方是臀部，海绵组织的累积特殊快，很轻易使臀部线条显得松弛下垂。橘皮组织最容易形成的原因就是运动量不多的部位以及随着皮肤的弹性变差而产生。运动不足及年龄带来的松弛是橘皮组织产生的主要原因。

消除臀部橘皮的按摩方法：

1. 将手掌贴在臀部，将臀部往上提做按摩动作。

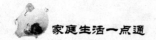

2. 两只手放在臀部下方以臀部弧形的方式往两旁提。

3. 一双手抓住整个单边的臀部，往外抓。

4. 利用揉捏方式，加速臀部新陈代谢。

 ## 消除肥胖纹的窍门

有些女性因身体过于肥胖，致使皮下脂肪大量堆积于皮肤，在机械性的作用下过度伸展，后因节食减肥等原因，使皮下脂肪突然剧减，导致原已高度扩张的皮肤发生皱缩，从而引起酷似妊娠纹那样的条纹。

1. 家庭精油按摩法：往沐浴露中加 3 滴迷迭香精油，清洗全身，并轻轻以打圈的形式按摩有肥胖纹及妊娠纹的部位。用自制精油去角质磨砂膏按摩有肥胖纹部位 5 分钟后，清洗干净。用调制好的按摩精油以打圈的方式按摩肥胖纹部位，15 ~20 分钟即可。用后不要洗掉残留在皮肤表面的精油，让皮肤将其自然吸收最好。

2. 跑步淡化肥胖纹：跑步可以充分锻炼臀部及大腿，帮助将局部脂肪转化为肌肉，淡化臀部及大腿的肥胖纹。你可以在健身房的加速跑步机上进行，将阻力从 2 挡调到 3 挡，并把车座适当调高。坐的时候，臀部稍微向车座的后面靠。当然也可以在户外慢跑或加速跑，有氧运动更能促进身体的代谢和废物的排除。

3. 臀部紧实收缩法：仰面平躺在地板上，腿部弯曲，双手平放在身体两侧，尽可能向上抬起你的臀部，收缩臀部肌肉。举起臀部并保持 3 秒，然后缓缓放下。此组动作重复 15 次，每周练习 3 次，4 周以后你的臀部将明显紧致，肥胖纹亦会有所减轻。

 ## 正确的节食减肥窍门

正确的节食减肥法应是：吃得全面（营养不缺），量要少（减少热量摄入），经常更换食谱（不厌食），适量运动（消耗热量）。

如何减少每天的进食量，下列办法可供参考：

1. 多喝水：饭前 15 分钟喝一至两杯开水，对少吃、消化及肾脏功能都有好处。

2. 缓食：每一口饭菜都要细嚼缓咽，品尝滋味，在 20 分钟的膳食过程中使大脑有充裕的时间接受来自胃的刺激，产生饱足感。

3. 如果你一时很忙没有足够时间从容就餐，不妨就喝些开水、肉汤或咖啡、茶之类以推迟就餐时间。

4. 多吃含纤维素多的食物（如水果、蔬菜）和粗粮，不仅可以减少热量的摄入，且易产生饱足的感觉。

 ## 一日三餐的节食窍门

1. 早餐：由于夜间自身的消耗，为保证身体需要，早餐应合理安排，不能省去。应以主食及蛋白质并重，如一中号碗白粥加两只鸡蛋或一块瘦肉之类，应避免油炸食品。餐后再吃点水果或喝杯清茶，会使你整天神清气爽。

2. 午餐：如果选择面食时，避免炒面，而以清汤面加青菜为主，不要淋上热油。或两碗中号碗白粥，配上一碗去油清汤、3 块瘦肉或 5 块蒸鱼，再加一份蔬菜，饭后喝清茶一杯。

3. 晚餐：晚餐往往是上班族最丰盛的一餐，但晚上活动量却最少，摄入过多热量无法消耗，长期如此就会变胖。所以晚餐应以低热量并且 7 分饱为主，可适量增加蔬菜食用量，夜宵绝对免谈。每天用油量应严格控制，最好每餐不超过一匙食用油。采用蒸、烤、烧的烹调方法较好，烹调过程中不要使用糖。可选用芫荽、姜、蒜头、味精、酱油、胡椒粉、芥辣、辣酱等作为调味品，口渴只可饮白开水或茶。

 ## 营养美味的减肥食品

1. 长期食用糙米，对于治疗粉刺和肥胖症有良好的效果。吃饭时，只要在每碗白米饭中掺入两三羹匙米糠混合吃下，即可在胃中形成一种糙米素食。糙米含有丰富的维生素和矿物质，而这种营养素的 95% 又都储藏在米糠内，是当之无愧的营养减肥食品。

2. 玉米、燕麦含热量较低，不仅是减肥瘦身的好主食，而且还含有丰富的不饱和脂肪酸，可促进脂类代谢，降低血脂，预防动脉硬化。

3. 先将 30 克黑木耳泡发后洗净，150 克豆腐切成片，将豆腐与黑木耳一起加入一小碗鸡汤和适量的清水炖 15 分钟，适当调味即可食用。此减肥食法可降低胆固醇。

4. 将新鲜豆腐冷冻后，由于其内部组织和结构发生了变化，产生了一种酸性物质。冻豆腐是不折不扣的减肥食品，常吃冻豆腐可以消除人体肠胃道和其他组织器官多余的脂肪，有利于减肥。

5. 食醋中含有挥发性物质、氨基酸及有机酸等物质。每日服 1~2 汤匙食醋，可起到一定的减肥效果。平常醋的食用方法很多，可以蘸食品吃，拌凉菜吃，也可加在汤里以调节胃口等。还可以用食醋泡制醋豆、醋蛋、醋花生、醋枣等，此法做出的减肥食品既可变换口味，又可软化血管，增加营养。

6. 枇杷富含纤维素、维生素及矿物质，是很有效的减肥水果。可先将少量冰糖放入沸水中煮化，再将 500 克枇杷肉加入其中，用文火继续熬至膏状即可，每日当甜点吃。或者将枇杷肉与粳米一起熬粥，作为主食食用。

7. 将海带用水浸泡 24 小时（中间换水两次），然后洗净切成丝。将适量食用油烧热，加入海带丝炒片刻，再放入丁香、大茴香、桂皮、花椒、核桃仁、酱油及清水烧开，改文火烧至海带将烂，最后加入萝卜丝焖熟即可。

 合理安排饮食时间的减肥窍门

水果一般是饮前一小时食用，借此达到保胃和脾及提高食欲的作用。如果将吃水果或喝果汁的时间改在正餐前几分钟，那么吃下的水果便不能起到开胃作用，反而降低食欲。利用此法既可享受水果美味，又可减少进食量，从而达到减肥的目的。

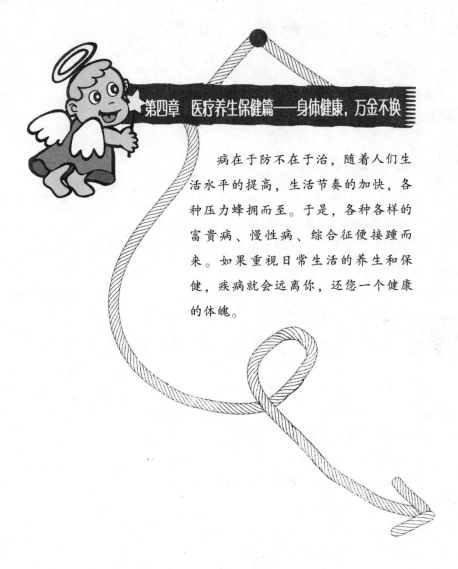

第四章 医疗养生保健篇——身体健康，万金不换

病在于防不在于治，随着人们生活水平的提高，生活节奏的加快，各种压力蜂拥而至。于是，各种各样的富贵病、慢性病、综合征便接踵而来。如果重视日常生活的养生和保健，疾病就会远离你，还您一个健康的体魄。

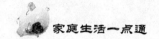

第一节 用药常识

在日常生活中，难免生病或者磕磕碰碰出现一些小意外，这时就免不了服用一些药物。选择正确的药品和服药禁忌会让药效发挥得更好，更快康复。

购买常备药的常识

家里预备一个简单的小药箱，有些急性病或常见病自己便可以解决，但这只能是为了应急和自己用着方便，必要时还应去医院就诊。

选药也是有技巧的，比如同是感冒，风寒感冒和风热感冒的用药就不一样。不同原因引起的胃痛，所用的药也不相同。因此，在购买药品的时候，不能单靠药名来买，而应看药品的主要成分，主治什么病，然后考虑对症购药。另外，买药时要看药盒上的药名及所写的适应证，必须详细阅读所购药品的说明书。看所购药物是否适合自己的病症，可能产生哪些不良反应，自己是否有相应的用药禁忌。

购买药物，一定要去正规药房。在购买常备药的时候，还要选择易存储的，对零散的药片、药丸和胶囊要用瓶分别装好，并标上药物的名称、用法、用量及有效时间。除此之外，还需预备好以下用品：

1. 消过毒的纱布、绷带、胶布、棉棒等，这些东西急救时常会用到。

2. 体温计是必须具备的。其他诸如医用剪刀、镊子也要相应地配齐，在使用前应先用火或酒精消毒。

3. 可配置碘酒、紫药水、红药水、烫伤膏、眼药膏、止痒清凉油、伤湿止痛膏、创可贴及70%的酒精等外用药。

4. 可配置解热、止痛、止泻、降压、降糖药、一般消炎药和助消化药等常用内服药。有婴幼儿的家庭，要配备小儿常用药，如小儿清肺散、小儿止咳药、病毒灵等。

此外，还要根据季节增添常备药。夏秋两季要配备防暑降温和防蚊虫叮咬的药,如藿香正气水、风油精、仁丹等。春冬季节要备冻疮膏等。

家庭药箱的药品要定期检查和更换,要放在通风和阴凉处,以免失去药效或者变质,对人体造成伤害。

识别真假药的窍门

凡经国家审定生产的药品,应该具有下列条件:

1. 商业部门经销的各类药品,必须具有药厂所在地区省级卫生行政部门审批的标记。

2. 化学药品、西药成药、中药成药、药酒等,必须使用经国家工商行政管理局批准的注册商标。

3. 药厂应该在包装上用汉字和拉丁文标明药品名称以及药物含量、容量、用途、用法、用量、禁忌证(或注意事项)、贮存方法和产品批号等字样。

如果药品不具备上述三点,就属于假药。

鉴别变质药品的窍门

如果家里保存了一段时间的药品,在发现以下情况时,不可再用:

1. 注射剂:水(油)剂变混浊、沉淀,析出结晶,用水微温、振摇后如能溶解便可使用,反之不能使用;粉针剂结块、变色不可再用。

2. 糖衣片:变色,裂开,粘连。

3. 胶囊剂:变软,破裂,内容物变质。

4. 散剂:吸潮结块,发黏,发霉。

外出旅游备药窍门

旅游期间,家庭巧备药可确保有备无患,也为旅行带来方便。

1. 应必备感冒药:银翘解毒片、感冒清、小柴胡冲剂、清开灵、三九感冒灵等可任备两种;百服宁、扑热息痛、阿司匹林、去痛片等可任备 1 种;同时还应备有体温表。

2. 旅游期间各种美食丰盛,吃喝过量了就易出现消化功能紊乱,所以助消化的药物要多备：斯达舒、吗丁啉、多酶片、保和丸等；治疗便秘的药物也不可少：黄连清丸、麻仁丸、果导片等；还有治疗腹泻的药物：霍香正气水（丸）、黄连素、香连丸、葛根芩连丸等。

3. 烧伤、烫伤、跌伤、碰伤也是旅游外出期间的常见病，所以家庭药箱中还应备有外用消炎解毒药：创可贴、碘酒、高锰酸钾、75% 酒精以及消毒药棉和纱布、剪刀、镊子等；外用止痛药：止痛喷雾剂、扶他林软膏、南星止痛膏、麝香止痛膏、红花油等；另外还要备些烫伤药水。

4. 外出旅游往往由于白天劳累兴奋，而造成夜晚睡眠质量下降，所以还应准备助睡眠药物：硝基安定、科眠宁、交泰丸、安神补脑液、柏子养心丸、养血安神丸。

哪些西药不能和中药同时吃

中药和西药一般是可以同时吃的。但是，有些西药不能和中药同时吃，如治疗贫血用的硫酸亚铁片；治疗消化不良的酶制剂，如胃酶片、胶酶片；含有安替匹林、氨基比林等成分的解热镇痛药，如加当片、去痛片；还有治疗心脏病的洋地黄制剂，如地高辛片等。因为这些西药容易同中药里的鞣酸发生化学变化，失去药效，甚至产生对人体有害的物质。另外，肝、肾病人的肝肾功能均较差，如果同时服用多种中西药品，会加重肝脏和肾脏的负担，造成危害。因此，不宜长期同时服用多种中西药。

服西药的"忌口"

一般情况，服西药不需要"忌口"，但有时却和饮食很有关系。例如：

1. 糖尿病患者服用降糖药物时，不宜吃糖，甚至主食量还需要限制。而当吃利尿药物时，却又要多吃点糖。因为糖除了能被氧化一部分外，还可以转变成乳酸和醋酸等有机酸，它们生成的盐能在排泄时带走很多水分，起到利尿作用。

2. 在服用打蛔虫药物时，只要内含山道年，就应该忌吃油腻食物。因为山道年容易化在油里被肠子吸收掉，结果蛔虫反而打不下来。

3. 服用降压药物必须严格控制食盐量，因为盐能使血液里保持过多水分，有碍血压下降。

4. 吃甲状腺片，会增加钙质排出量，因此要多吃含钙高的食物，否则容易发生骨质疏松、龋齿等现象。

5. 在服磺胺药物时，除应该吃小苏打外，还应该多喝水，否则，磺胺药物和另外生成的乙酰化物会沉积在肾脏里，造成对肾脏的损害。

6. 在吃脂溶性维生素，如维生素 A 和维生素 E 丸、鱼肝油精时，都应该吃点含脂肪多的食物，以利更好地吸收和利用。

 ## 服中药的"忌口"

某些药物和某些食物的成分、作用具有对抗性，如果同时吃，不但服药无效，甚至会使病情加重。如服人参就不宜吃萝卜，因为萝卜有消食、化痰、通气的作用，而人参是滋补药物，这样一补一消，作用就抵消了。又如哮喘的病人，在服药的同时不能吃"发食"（鸡、鸭、鱼、肉、葱、蒜等），因为这类东西含有异性蛋白，一部分人对它特别敏感，容易发生过敏反应，使病情加重。

另外，中药讲究辨证施治，也需要在服药期间适当注意"忌口"。比如胃病属于"寒症"时，需要服温中的药物，便要忌吃生冷食物；而胃病属于"热症"时，就要服清热的药物，忌吃辛辣食物，这些都要遵从医嘱。

当然，不是所有的药都要"忌口"。这不仅要因病而宜，还要因人而异。哮喘病人对鱼、虾类比较敏感，但猪、羊肉还是可以吃的。如果什么都不敢吃，造成营养不良和抵抗力下降，对于早日恢复健康也是不利的。

 ## 哪些药物不宜用糖拌服

药物的苦味、怪味，使得许多人望而生畏，于是人们想到了用糖拌服。但是，并不是每一种药物都能用糖拌服。一些苦味健胃药，如健胃散、龙胆酊、龙胆大黄合剂等都是借助于药的苦味刺激神经末梢，反射性地帮助消化，促进食欲。若用糖拌服，就降低甚至丧失药物应有的治疗作用。另外，异烟肼、扑热息痛、退热净等药物不能与糖同服，因糖能抑制这些药在体内的吸收、利用，使药效降低。可的松类药物能增高肝糖原，升高血糖，若同时服糖，会使肝糖原、血糖更高而引致糖尿病。

用药的最佳时间

用药时间与治疗效果关系密切，但这往往被人们所忽视。有关专家指出，如驱虫药，要求必须空腹服，而且要在清晨。而一般来说，大部分药物在饭后15～30分钟服用较好，特别是对胃有刺激性的药，如消炎痛、抗生素等。

助消化药物需在吃饭时服用才能发挥作用，如胃蛋白酶、淀粉酶、多酶片等。保护胃黏膜的药物最好在饭前30～60分钟服用，如七味散、乳酶生等，止吐药、利胆药等也应在饭前服用。

睡前服用的药物一般应在睡前15～30分钟服用最好，如安眠药等。

补益药宜在饭前服，因为补益药性味甘温，无刺激性，饭前服既无副作用，又有利于消化。

用药的方式也有讲究，站着服药易吸收。药（特别是片剂和胶丸）应当站着服，并且每服1片应停顿时间为1分30秒以上，服药后喝开水不应超过100毫升。坐着或卧着吞服胶丸后，药剂会黏附在食管壁上，而这些药剂会在10～15分钟内被破坏，所以极少能到达最佳的吸收部位。但站着服药对卧床重症病人不宜实行。

口服避孕药的禁忌

1. 必须遵守服药时间：按时服药是避孕成败的关键。口服避孕药规定在月经第五天开始服用。因为它主要通过抑制排卵而达到避孕的目的，如果从月经第六天以后再服药，就会影响避孕效果。服药日子愈晚，卵巢里的卵子发育就会接近成熟，抑制排卵的可能性就愈小，避孕效果就愈差。

2. 不要随便停药：有些妇女在开始服用避孕药时，往往会出现类似早孕反应的情况，如恶心、呕吐、头晕等。这是暂时现象，不要停止服药。为了减少或避免上述现象的发生，最好在晚饭后或睡前服用。但长效口服避孕药应该在中午服用。

3. 要防止漏服：短效避孕药，需要从月经第五天起连续服用22天，要坚持定时服药。万一当天忘了服药，必须在第二天早晨补服一片，晚上照常服一片。

4. 服用避孕药期间禁用下列药物：鲁米那、利福平、苯妥英钠、非那西汀、利眠宁、眠尔通和扑颠酮等。这些药物可能兴奋肝脏微粒体酶（又称药物代谢酶），使酶的活性增高，药物代谢率加快，从而导致血浆中的避孕药的浓度降低，失去控制怀孕的能力。另外，还应该禁用索密痛、散列痛、复方氨基比林及APC、新霉素等，都有可能引起经期出血，也应该加以注意。

5. 避孕药与维生素：口服避孕药可以加速维生素 B_6 及维生素 C 的代谢，从而降低维生素在血浆中的正常水平，所以长期服用避孕药者，最好补充一些上述药物。

6. 注意保管好药品：口服避孕药发放量很大，有效成分在糖衣上，如果保存不好，糖衣被磨损或受潮脱落，就会影响或失去避孕的效果，所以要特别注意保存好。

7. 哺乳期妇女不要服用避孕药：口服避孕药能使乳汁分泌减少，还能通过乳腺分泌到乳汁中，对婴儿会产生不良影响。因此，哺乳期妇女可以采取其他避孕措施，等断奶后再服用避孕药。

8. 患有哪些疾病不能服避孕药：对于患有肝炎、肾炎、血栓性静脉炎、癌症、乳房肿块、甲状腺亢进、心脏病、糖尿病、高血压等疾病的育龄妇女，应该禁用口服避孕药。

 ## 老年人用药五大忌

随着年龄的增长，人体各器官功能逐渐减退，药物不良反应发生率也随之增高。据统计，80 岁以上老年人的发生率是 50 岁以下人的 3 倍，因此老年人用药应该切记以下 5 点：

1. 忌随便用药：老年人多有长期用药史，对药物的耐受性降低。如左旋多巴、洋地黄、消炎痛、皮质类固醇、吩噻嗪等药物容易引起老年抑郁症。可待因和双氢可待因容易引起老年人头昏、嗜睡和便秘，氨基匹林容易引起粒细胞缺乏，甚至导致感染，保太松还可以引起再生障碍性贫血、溃疡病等。老年人如果有焦虑、眩晕、噩梦等症状时，不要轻易用其他药物，通常给予安慰剂多半可以奏效。一旦必须用药，也应该遵照医嘱，切忌照"老经验"用药。

2. 忌用药时间过长：老年人肾功能多有减退，药物排泄时间延缓，用药时间过长也会发生毒性反应。如链霉素、卡那霉素、新霉素等能损害听觉神经，可以导致严重耳聋。

3. 忌用药种类过多：老年人胃肠功能比较低，用药种类过多容易出现食欲减退、恶心、呕吐等胃肠道反应，也容易发生药物之间的抵抗作用或增加毒性。另外，老年人记忆力欠佳，大堆药物或种类复杂会造成老人服错药，应该格外小心，最好一次不超过 4 种。

4. 忌药量过大：老年人药物代谢缓慢，肝脏解毒功能比较低，用药量过大，容易在体内蓄积而发生"中毒反应"。如有尿路感染的老年人宜用呋喃坦啶 50 毫克，每日 3 次，过量容易引起弥漫性间质性肺炎、末梢神经炎等。患心脏病的老年人，洋地黄的剂量也应该减少，只能用成人量的 1/2 或 1/4。

5. 忌依赖安眠药：老年人长期服用安眠药容易发生头昏、头胀、步态不稳和跌跤等现象，久用也可以成瘾和损害肝肾功能，甚至有的人可能发生痴呆。安眠药只宜短期用，以帮助病人度过最困难的时刻。服用时最好交替轮换应用毒性比较低的药。

第二节　疾病信号早知道

 从味觉诊断病状

简单地从味觉来判断身体健康与否：

1. 口淡：面对佳肴美食，也觉淡然无味，食欲欠佳。原因可能是外感不适，或是脾胃虚弱，运化不畅，以致不思饮食。此时宜健脾益气。

2. 口酸：即使没有进食酸性食物亦自觉口中有酸味。这情况是因肝胃不和，或肝有郁火所致。患者可能有胃炎或消化性溃疡，以致胃酸较正常人多。

3. 口苦：人体唯一能产生苦味的器官是胆，若感到口苦，即胆出了问题，通常是因肝胆有热引致。若经常进食燥热的食物，会引致肝火上升，亦会燃烧体内津液，因而感到口苦。但经常熬夜或抽烟的人，早上醒来亦会感到口苦。

4. 口甜：口中经常有甜味，多因湿热积淤脾所致。另外，消化系统功能紊乱，扰乱各种分泌，唾液中淀粉含量增加，刺激舌上味蕾，因而感到甜味。糖尿病患者也有口甜的感觉，因为体内血糖增高，唾液中的糖分也增多，因而有甜味。

5. 口咸：多属肾虚，是肾液上泛引致。

从唇色诊断病状

1. 双唇泛白，属气血亏损，或阳虚寒盛、贫血、脾胃虚弱。若上唇苍白泛青，多是大肠虚寒，泄泻、腹痛；若下唇苍白，多是胃虚寒。

2. 唇色深红，并非气血佳而是有热在身，属热症。阴虚火旺者，唇红鲜艳如火。唇色深红兼干焦，则内有实热。

3. 唇色青紫，多属气滞血淤，血液不流畅，易罹患急性病，特别是心血管病。

4. 唇色发黑，唇紫黑而干焦，是大病征象、如肝硬化、肝炎。

5. 唇边发黑，但内唇淡白，显示人既有实热，亦气血亏结。

从指甲颜色看健康

正常的指甲颜色，应是微粉红。若过白，则显示有贫血迹象。若呈青紫色，即表示身体缺氧，血液微循环受阻。若是黄色，可能是长期吸烟，把指甲熏黄，或可能有全身性疾病，例如黄疸、甲状腺功能减退等。若指甲呈淤黑色，则显示肝血不足，四肢所得的养分便不足够。指甲离心脏最远，得血量最少，因而会呈淤黑色。若指甲颜色变灰，质地粗糙，肥厚而无光泽，则是受真菌感染，患有灰甲。患灰甲的人通常亦有手足癣，治疗需及时。

至于指甲的形态，一般而言，正常人的指甲应是扁平微隆，指甲表面平滑有光泽，指甲板厚薄适中。若发现指甲无故变薄变厚、指甲面隆起或凹陷不平，则要留心，可能是疾病信号。另外，根据临床经验，指甲若有白色的斑点，表示肝肾亏虚；若起坑纹，是神经虚弱的先兆；指头若有倒刺，多半是心火旺盛，睡不安宁。指甲若生长迟缓，容易折断，显示营养不良；指节带黑，则显示肝脏功能欠佳。

从脚肿看健康

引致脚肿的原因有很多。如果只是脚肿而身体没有其他不舒服，可能是脚气病，因缺乏维生素 B 所致，只要加以适当补充便没事。

如果大脚趾、脚跟及膝盖部分突然红肿胀痛，关节发热，连动都不能动，可能是痛风症。主要的原因是体内尿酸积聚过高，无法从尿道或大便排出，因此尿酸走遍全身，多数走入关节，引致发炎。如果关节经常肿胀，感到难以形容的酸痛、行动不便，但按下肿胀处并没有凹下，则可能是风湿肿胀。风湿病成因复杂，简单来说是长期气血亏虚所致。

如果你在脚跟、脚背轻按一下，肿胀处即凹下，肌肉像失去弹力，即是水肿，成因可以是肾功能衰退，令水分储留在体内，不能排泄。肺积水（即水分从血管漏出，积聚于肺部，影响呼吸）亦会引致水肿。此外，若肝细胞广泛坏死，形成肝硬化，会引发其他病症，如出现腹水，即水分积在肠脏外面，不能被吸收。有腹水的人亦有脚肿现象。肾、肺、肝的功能若失常，经常会互为影响，后果严重。

不可忽视的排汗症状

正常人每天排出 500～1 000 毫升的汗液，夏季可达 1 500～2 000 毫升。如果汗腺停止排汗或出汗过多，均是不正常的现象。有以下症状：

1. 无汗：又称闭汗，是指汗腺减少或机体不产生汗液，身体局部或全身少汗或完全不出汗。患者某些部位或全身皮肤非常干燥，他们多半曾患有皮肤病（如银屑病、硬皮病等），令毛孔闭塞，以致无汗。另外，若身体新陈代谢紊乱，亦可能会导致无汗。

2. 多汗：多汗是指在恒温和静态情况下，仍大量出汗。若多汗兼有心悸、食欲亢进、情绪波动、失眠，可能是甲状腺机能亢进。若多汗兼头晕乏力，以及感到饥饿，可能是血糖过低及肝功能欠佳。服用某些药物后，亦会产生多汗反应。若重金属中毒，例如铅、汞、砷等，可能亦会有多汗现象。若汗出如珠，冷汗不止，须加注意，这是气散虚极的表现，中医学上称为"绝汗"，是病危的表现。

3. 自汗：在白天，精神清醒的状态下，不因劳动、穿厚衣或高温而汗自出，称为自汗。中医认为这是气虚、阳虚的表现，身体因失却固摄力而不自觉地流汗。自汗的人通常精神不振、气短、怕冷。

4. 盗汗：指入睡后，在半夜或黎明时分，胸部、背部、大腿等地方出汗，出汗量甚多，可以令衣服湿透。醒后则不再出汗。盗汗多阴虚所致，若伴有低热、两颧潮红、手心发热，口干等症状，可能是肺病的征兆。

5. 头汗：以头面部出汗为多，肝胃有热及气虚所致。若兼有四肢发冷、气短，多为阳气虚。重病患者若突然额头大汗，则是病危警告。现代医学发现，突然间一侧额头出汗，多是颈部交感神经受刺激，可能患有动脉瘤。

6. 手足汗：心情紧张时会手脚出汗，若非因此缘故而经常两手潮湿和冰冷，多因脾胃湿蒸，气虚、肾虚所致。身体状态甚差者才有这问题，须加注意。

 ## 婴幼儿哭声巧辨病

1. 啼哭声忽缓忽急、时发时止，多数情况是患腹泻。如果哭声嘶哑，一般是脾胃不佳，消化不良；如果啼哭声时断时续、细弱无力，多是腹泻脱水。

2. 夜间啼哭，伴有睡眠不安、易惊、多汗等症，主要是因钙磷代谢失调引起的佝偻病，所以要及时给孩子补钙。

3. 哭声突然发作，声音尖锐洪亮，多为疼痛疾病；如是急腹症肠套叠，则伴有面色苍白、出冷汗，苹果酱般的稀便。

4. 哺乳时身贴母亲怀中发出啼哭，伴有用手抓耳动作，大多情况为患中耳炎、外耳疖肿等病。

5. 喂奶进食即哭，多数为婴儿患口腔疾病，如舌炎、口腔溃疡等，要注意及时给孩子降火。

6. 啼哭声调高，伴尖叫声、发热、呕吐、抽搐等症状，多为脑及神经系统疾病，应及时去医院检查。

7. 啼哭声无力，伴呼吸急促，口唇发绀、呛奶、呕吐，多为肺炎及心力衰竭，要及时就医。

 ## 乳腺癌的早期症状

1. 肿块：乳腺的外上象限是乳腺癌的多发部位。肿块常为无痛性，单个，

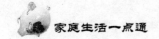
不规则，大多为实性，较硬，活动性较差。

2. 局部皮肤改变：乳房皮肤出现"酒窝征"是一个重要体征，由于库柏氏韧带牵扯或肿瘤与皮肤粘连所造成。当癌细胞堵塞皮下淋巴管可出现橘皮样水肿，部分出现静脉曲张、卫星结节。

3. 乳头改变：当病灶侵犯到乳头或乳晕下区时，乳腺的纤维组织和导管系统可因肿瘤侵犯而缩短。牵拉乳头，使乳头偏向肿瘤一侧，病变进一步发展可使乳头扁平、回缩、凹陷直至完全缩入乳晕下，看不见乳头。乳头糜烂也是乳腺癌的重要征象。

4. 乳头溢液：乳腺导管尤其是大导管上皮增生、炎症、出血、坏死及肿瘤等病变都可发生乳头溢液。溢液可以是无色、乳白色、淡黄色、棕色、血性等，可以呈水样、血样、浆液性或脓性，乳腺癌以血性多见，常因污染内衣而为患者发现。

5. 疼痛：少数病人出现隐痛或刺痛。

假如出现以上 5 种现象应及时去医院就诊。

 ## 乙肝的早期症状

乙肝早期没有明显症状或仅表现出流感样症状，食欲下降、低烧、肌肉或关节痛、恶心、呕吐、腹痛和感觉疲乏，没有精神。在疾病的晚期，可出现黄疸、厌食、乏力、恶心、呕吐、右上腹痛等症状，严重者会出现腹水、肝衰竭等症状。

乙肝病毒感染人体后，如果身体抵抗力强，免疫功能正常，而且治疗及时，那么乙肝病毒会很快被清除，乙肝在急性期就能治愈。但一旦乙肝病毒没能及时清除，乙肝会转为慢性，病毒会长期携带，检查表现为乙肝抗原阳性，这就是通常所说的乙肝病毒携带者。

如果乙肝病毒在肝细胞内活动，复制繁殖，则可能出现临床症状，常见症状有：感觉肝区不适、隐隐作痛、全身倦怠、乏力，食欲减退、感到恶心、厌油、腹泻。病人有时会有低热，严重的病人可能出现黄疸，这时应该及时到医院就诊，如果延误治疗，少数病人会发展成为重症肝炎，表现为肝功能损害急剧加重，直到衰竭，同时伴有肾功能衰竭等多脏器功能损害，病人会出现持续加重的黄疸，少尿、无尿、腹水、意识模糊、谵妄、昏迷。慢性乙肝患病日久，会沿着"乙肝——肝硬化——肝癌"的方向演变，这就是我们常说的"乙肝三部曲"，所以患乙肝后应及时采取治疗措施，并定期检查身体。

老年痴呆症的早期检测

老年痴呆症在临床上可分为早、中、晚三期。

早期表现一般是忘性大，通常也能进行正常的社会交往，所以经常不被病人和家属注意。此时老人突出的症状是记忆（尤其是近期记忆）障碍，病人总爱忘记刚发生过的事情，而对以前陈芝麻烂谷子的事却记得尤为清楚，家属有时还会误认为病人记忆力不错。具体表现举例如下：

1. 随做随忘，丢三落四。做菜时已放过盐了，却不知道放过没有；明明锁了门出去，半路上却又觉得门没锁；上街去买菜，忘了拿篮子或钱；本来去接孙子另带买瓶醋，孙子接回来了醋却没有买。

2. 词不达意，唠里唠叨。本来想表达一种意思，说出来却是另外一种意思，对一件事总是反复不停地说。

3. 忘记熟人的名字。走在街上，明明是老熟人却叫不出对方的名字。

4. 多疑猜忌。自己东西找不到了，总怀疑被别人偷了。

5. 情感冷漠。对什么事都不感兴趣，甚至对过去很感兴趣的事情也觉得索然寡味。

6. 计算能力下降。上街买菜，挺简单的账算起来很费力，甚至根本不会算了。

第三节　饮食食疗

劳累后喝点醋

不常活动的人，突然劳动或运动过度，会出现肌肉酸痛的现象。原因是劳动、运动使新陈代谢加快，肌肉里的乳酸增多。如果吃点醋，或在烹调食物时多加些醋，则能使体内积蓄的乳酸完全氧化，加快疲劳的消失。除了多吃点醋之外，吃些含有机酸类多的水果也有效。

五种食物保护牙齿

1. 芹菜是天然牙刷。芹菜是我们常食的蔬菜，既可热炒又可凉拌。芹菜中含有大量的粗纤维，不但可以刺激胃蠕动、促进排便，还能保护牙齿。因为在咀嚼时，粗纤维通过对牙面的机械性摩擦清洗，可以擦去黏附在牙齿表面的细菌，而且你越费劲咀嚼就越能刺激唾液腺分泌，它可以平衡口腔内的酸碱值，既能达到自然抗菌的效果，又能减少牙菌斑形成。

2. 洋葱、芥末能抑菌杀菌。洋葱的香辣味道除了可以增加人的食欲外，还有一定的保健作用。如洋葱含有植物杀菌素，据试验，洋葱分离得到的结晶物质对金黄色葡萄球菌、链球菌、沙门氏菌均有杀伤和抑制作用。同时，洋葱里的硫化合物也是强有力的杀菌成分，能杀灭造成龋齿的变形杆菌。因此，常吃洋葱可以保护牙齿。

3. 芥末是芥菜的种子经研磨而成的粉状调味品，常用于凉拌菜肴及作料。用时芥末会产生辛辣、呛鼻的味道。日本有研究发现，芥末里的某种物质可以抑制蛀牙的变形链球菌的繁殖。

4. 香菇消灭牙菌斑。香菇营养丰富、味道鲜美，自古就被誉为"蘑菇皇后"。自 2000 年以来的一些研究还发现，它对保护牙齿也有帮助。原因是香菇中所含的香菇多糖可以抑制口中的细菌，使其不能制造牙菌斑。

5. 绿茶祛除口臭。绿茶常称为"长寿之宝"，因为它的抗氧化能力强，可以预防多种癌症，也可以减少患心血管病的风险。现在，连牙齿也因为喝了绿茶变得更健康。一方面是绿茶含有大量的氟（其他茶类也有），氟可以和牙齿中的磷灰石结合，具有抗酸防蛀牙的效果；另一方面有研究显示，绿茶中的儿茶酚能够杀灭变形链球菌，从而减少蛀牙，同时还可除去难闻的口臭。

晨起先喝一杯水

经过一夜的休整，体内水量处于最低，需要及时补给。成人还可以在水中加一点食盐，以微有咸味为度，可以健肾固齿、清亮眼目，增加胃肠的蠕动，民间曾有"晨起喝杯淡盐汤，胜过医生去洗肠"的谚语。但应注意的是盐量不宜过多，否则适得其反。晨起喝的第一杯水量可多些，根据各人的体重不同，饮水量应在300～500毫升不等，才能满足机体的需要，尤其是那些早上不吃早饭便上班的人，喝一杯水就显得尤为重要。

当皮肤内的含水量保持在15%～20%时，皮肤表面就光滑、娇嫩，如婴儿的肌肤一般；而当皮肤内的含水量由于各种原因少于10%时，皮肤首先出现的是干涩的紧绷感，皮肤表面会有细小的脱屑，继而会形成细小的皱纹，长期缺水的皮肤会干裂且非常容易过敏。

科学饮水时间表

6：30 晨起喝250毫升的淡盐水或凉白开水，补充夜晚流失的水分，清肠排毒。

8：30 到办公室后喝250毫升水，清晨的忙碌使水分在不知不觉中流失了很多，这时候补水特别重要。

11：30 午餐前忙了一上午也该休息一会儿了，午餐前喝水有助于激活消化系统活力。

12：30 午餐后喝水加快血液循环，促进营养素的吸收。

14：00 上班前喝杯清茶消除疲劳，给身体充充电，这一杯水很重要。

17：00 下班前喝一杯，忙了一天，身体里的水分也消耗得差不多了，这时候补水还能带来肠胃的饱胀感，减少晚餐食量，这一招特别适用于想减肥的人士。

22：00 睡前喝200毫升水，降低血液黏稠度才能睡得更好，这样你就完成了每天2 100～2 800毫升的补水量。

五种水不能喝

1. 老化水：俗称"死水"，也就是长时间贮存不动的水。常饮用这种水，对未成年人来说，会使细胞新陈代谢明显减慢，影响身体生长发育；中老年人则会加速衰老；许多地方食道癌、胃癌发病率日益增高，据医学家们研究，可能与长期饮用老化水有关。有关资料表明，老化水中的有毒物质也随着水贮存时间增加

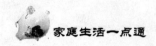

而增加。

2. 千滚水：千滚水就是在炉上沸腾了一夜或很长时间的水，还有电热水器中反复煮沸的水。这种水因煮过久，水中不挥发性物质，如钙、镁等重金属成分和亚硝酸盐含量很高。久饮这种水，会干扰人的胃肠功能，出现暂时腹泻、腹胀；有毒的亚硝酸盐还会造成机体缺氧，严重者会昏迷惊厥，甚至死亡。

3. 蒸锅水：蒸锅水就是蒸馒头等剩锅水，特别是经过多次反复使用的蒸锅水，亚硝酸盐浓度很高。常饮这种水，或用这种水熬稀饭，会引起亚硝酸盐中毒；水垢经常随水进入人体，还会引起消化、神经、泌尿和造血系统病变，甚至引起早衰。

4. 不开的水：人们饮用的自来水，都是经氯化消毒灭菌处理过的。氯处理过的水中可分离出 13 种有害物质，其中卤化烃、氯仿还具有致癌、致畸作用。当水温达到 90℃时，卤代烃含量由原来的每公斤 53 微克上升到 177 微克，超过国家饮用水卫生标准的 2 倍。专家指出，饮用未煮沸的水，患膀胱癌、直肠癌的可能性增加 21%～38%。当水温达到 100℃，这两种有害物质会随蒸气蒸发而大大减少，如继续沸腾 3 分钟，则饮用安全。

5. 重新煮开的水：有人习惯把热水瓶中的剩余温开水重新烧开再喝，目的是节水、节煤（气）、节时。但这种"节约"不足取。因为水烧了又烧，使水分再次蒸发，亚硝酸盐会升高，常喝这种水，亚硝酸盐会在体内积聚，引起中毒。

 饭后谋杀健康的凶手

1. 饭后吃水果。

很多人都喜欢饭后吃点水果，这是一种错误的生活习惯。食物进入胃以后，需要经过 1～2 小时的消化，如果饭后立即吃水果，就会被先前吃进的食物阻挡，致使水果不能正常地消化。时间长了，就会引起腹胀、腹泻或便秘等症状。

2. 饭后饮浓茶。

饭后喝茶，会冲淡胃液，影响食物的消化。另外，茶叶中含有大量鞣酸，饭后喝茶，就会使胃中没来得及消化的蛋白质同鞣酸结合在一起形成不易消化的沉淀物，影响蛋白质的吸收。茶叶还会妨碍铁元素的吸收，长期如此甚至能够引发缺铁性贫血。

3. 饭后吸烟。

饭后吸烟的危害比平时大 10 倍。这是由于进食后的消化道血液循环增多,致使烟中有害成分大量吸收,损害肝脏、大脑及心脏血管,引起这些方面的疾病。

4. 饭后洗澡。

民间有句俗话叫"饱洗澡饿剃头",这也是一种不正确的生活习惯。饭后洗澡,体表血流量就会增加,胃肠道的血流量便会相应减少,从而使肠胃的消化功能减弱,引起消化不良。

5. 饭后放松裤带。

很多人吃饭过量后感觉撑得慌,常常放松皮带扣,这样虽然肚子舒服了,但是会造成腹腔内压的下降,逼迫胃部下垂。长此以往,就会患上胃下垂。

6. 饭后散步。

饭后"百步走",非但不能活"九十九",还会因为运动量的增加,影响消化道对营养物质的吸收。尤其是老年人,心脏功能减退、血管硬化,餐后散步多会出现血压下降等现象。

7. 饭后唱卡拉 OK。

民间还有句俗话叫"饱吹饿唱",这句话是正确的。吃饱后人的胃容量增大,胃壁变薄,血流量增加,这时唱歌会使膈膜下移,腹腔压力增大,轻则引起消化不良,重则引发胃肠不适等其他病症。

 儿童空腹勿吃糖

家长们往往爱给孩子们买糖果、巧克力或果汁饮料等甜东西吃。其实,给小孩们多吃糖对身体害多益少,尤其在空腹时更会影响他们机体正常的新陈代谢功能。

据英国著名生理学家哈丁博士的专题研究表明,空腹时吃糖类食品会妨害机体对蛋白质的吸收利用。因为,糖会与蛋白质结合,改变了蛋白质原来的分子结构,成为蛋白质的聚糖物质,使其原有的营养价值大力减低。

蛋白质乃人类生命活动所必需的基础物质,也是人体细胞的主要组成部分。减少或降低人体对蛋白质的利用,当然也就严重地影响儿童们身体正常的生长

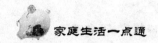

发育。

所以，医学和生理学家们一致认为，大人应尽量避免给儿童空腹吃糖果类东西。

丝瓜治慢性喉炎

用丝瓜绞汁或将丝瓜藤切断，让其汁自然滴出，放入碗内，上锅蒸熟，再加适量冰糖饮用，就能有效治疗慢性喉炎。

洋葱可防衰老

洋葱对人体的结缔组织和关节有益。洋葱不仅能提供人体需要的许多养分，还含有微量元素硒，因此，多食洋葱能够预防衰老。

多吃黑色水果可抗衰老

桑葚：营养成分十分丰富，含有多种氨基酸、维生素及有机酸、胡萝卜素等营养物质，矿物质的含量也比其他水果高出许多，主要有钾、钙、镁、铁、锰、铜、锌。现代医学证明，桑葚具有增强免疫、促进造血红细胞生长、防止人体动脉及骨胳关节硬化、促进新陈代谢等功能。

乌梅：含有丰富的维生素 B_2、钾、镁、锰、磷等。现代药理学研究认为，"血液碱性者长寿"，乌梅是碱性食品，因为它含有大量有机酸，经肠壁吸收后会很快转变成碱性物质。因此，乌梅是当之无愧的优秀抗衰老食品。此外，乌梅所含的有机酸还能杀死侵入胃肠道中的霉菌等病原菌。

黑葡萄：黑葡萄的保健功效更好。它含有丰富的矿物质钙、钾、磷、铁以及维生素 B_1、B_2、B_6、C 等，还含有多种人体所需的氨基酸，常食黑葡萄对神经衰弱、疲劳过度大有裨益。把黑葡萄制成葡萄干后，糖和铁的含量会更高，是妇女、儿童和体弱贫血者的滋补佳品。

黑加仑：又名黑穗醋栗、黑豆果。黑加仑含有非常丰富的维生素 C、磷、镁、钾、钙、花青素、酚类物质。目前已经知道的黑加仑的保健功效包括预防痛风、贫血、水肿、关节炎、风湿病、口腔和咽喉疾病、咳嗽等。

吃坚果防心脏病

花生、核桃、栗子、松子、瓜子、莲子等坚果，不仅营养丰富而且常吃还能预防心脏病。美国研究人员发现常吃坚果能预防心脏病，坚果中虽然脂肪含量高，但50%~80%为不饱和脂肪酸，必需营养脂肪酸含量极为丰富。其中含磷脂，尤其是卵磷脂丰富。它能帮助脂肪分解血中胆固醇的运转和利用，并可溶解血中沉积的动脉硬化斑块，有清洗血管，增加血管弹性，预防心脏病的功效。

 ## 生病时宜吃哪些水果

1. 感冒、发烧适宜吃葡萄、橙子、梨：含有充足的水分和钾元素，能补充因感冒、发烧失去的水分和钾。

2. 咳嗽、痰多、咽痛适宜吃樱桃：含有类似杏仁功效的止咳成分。梨、枇杷、柚子：能够化痰、润肺、止咳。不适宜吃枣：容易生痰、生火，吃了反而会咳嗽、哮喘得更厉害。

3. 高血脂适宜吃猕猴桃：几乎不含脂肪，含有丰富的果胶和维生素E，可降低血脂。西红柿：有类似阿司匹林的作用，可降低血脂。柚子：含有的大量果胶不仅可以降低血脂水平，还能减少动脉壁的损坏程度。苹果：含有的纤维、果胶、抗氧化物和其他成分能通过降低坏胆固醇含量和提高好胆固醇含量来降低血脂。橘子：能加速胆固醇的转化，降低血脂。

4. 动脉硬化适宜吃西瓜：含有的亚麻红油酸有助于治疗和预防动脉硬化。木瓜：含有的齐墩果酸具有软化血管的功效。

5. 糖尿病适宜吃菠萝、樱桃：含糖量在15%以下，且富含果胶，能调节胰岛素分泌，具有降低血糖的作用。不适宜吃香蕉、荔枝：含糖量超过15%，吃后引起血糖升高，加重胰腺负担，不利于治疗。

6. 便秘、痔疮适宜吃香蕉、橘子：有润肠通便的功效，能缓解症状。火龙果：含有数千粒芝麻状种子和丰富的水溶性膳食纤维，既促进肠蠕动又有润肠作用。

7. 贫血适宜吃猕猴桃：能促进机体对铁质的吸收。樱桃：含铁量高，有助于治疗缺铁性贫血。山竹：含叶酸最多的水果，而叶酸能增强造血功能。不适宜吃柿子：含有的大量鞣酸易与铁质结合，阻碍对铁的吸收。

8. 癌症适宜吃西红柿：西红柿中含有的大量茄红素，可以捕捉体内不良自由基，防止癌细胞扩散。苹果：苹果中所含的一些有效物质及维生素 C 能起到抗癌作用。木瓜：含有的木瓜碱具有良好的抗癌功效。橘子：含有多种抗癌物质。瑞典一项研究表明，平均每天吃 1 个柑橘的人，得胰腺癌的危险比每周吃少于 1 个者低 1/3。香蕉：对黄曲霉素等 3 种致癌物有明显的抑制作用。

 饮食预防癌症

食物中有一些营养素具有抗癌的作用，如维生素 C 对化学致癌物有阻断作用，能有效地阻止甲基苯胺与亚硝酸钠在体内合成亚硝胺。而亚硝胺对低等和高等动物均有较强的致癌作用。维生素 C 还可以增强机体的免疫系统和结缔组织功能，有利于提高机体对肿瘤的抵抗力。因此，多吃含维生素 C 丰富的食物，如绿色蔬菜、水果等，能起到防癌的作用。维生素 A 可抑制化学致痛物引起动物肿瘤的形成。适当地吃一些维生素 A 含量高的食物，如动物肝脏、蛋黄、鱼肝油等以及富含胡萝卜素的食物，对防癌是有好处的。维生素 B_2（核黄素）也有抗癌作用，它可降低酒精中毒患者肝癌的发病率。维生素 E 能抑制化学致癌物，它可降低腹腔注射甲基胆蒽引起皮肤肉瘤的发生率。

另外饮食方面也应注意：

1. 少吃含脂肪高、肉类和使身体过于肥胖的食物。

2. 不吃霉变的花生米、黄豆、玉米、油脂等食物。

3. 多吃新鲜的绿叶蔬菜、水果、菇类等，以增加体内的维生素，抑制癌细胞的繁殖。

4. 多吃粗纤维食物，如胡萝卜、芹菜、莴笋、红薯等，减少直肠癌的发生。

5. 多吃肝、蛋、奶及胡萝卜等维生素 C 和维生素 B 含量高的食物，减少胃癌的发生。

6. 少喝含酒精的饮料，以防喉癌、食道癌。

7. 适当控制热量的摄入，如果在等量的食物中，减少 40% 的热量，能够明显降低直肠癌的发病率。

8. 合理进补可提高人体的免疫功能。如人参、蜂王浆等，有直接抑癌的功效。

9. 尽量少用肉桂、茴香、花椒、肉蔻等辛辣调味品，过量食用这些调味品，有可能促进癌细胞的增生，加速癌症的恶化。

 ## 10 种食物少吃

1. 松花蛋。

制作松花蛋需要用一定量的铅，因此，多食可引起铅中毒，还会造成缺钙。

2. 臭豆腐。

臭豆腐在发酵过程中极易被微生物污染，同时含有大量挥发性盐基氮及硫化氢等，这些都是蛋白质分解的腐败物质，多食对人体有害。

3. 味精。

每人每天味精摄入不应超过 6 毫克，过多摄入会使血液中谷氨酸的含量升高，限制了必需的二价阳离子钙和镁的利用，可造成短时期头痛、恶心等症状，对人的生殖系统也会带来不良影响。

4. 方便面。

方便面中含有对人体不利的食品色素与防腐剂等，常吃对身体不利。

5. 葵花子。

葵花子中含有不饱和脂肪酸，多吃会消耗体内大量的碱，影响肝细胞的功能。

6. 菠菜。

菠菜营养丰富，但它含有草酸，食物中的锌与钙会与草酸结合而排出体外，从而引起人体锌与钙的缺乏。

7. 猪肝。

1 000 克猪肝含有胆固醇高达 400 毫克以上，而一个人的胆固醇摄入量太多会导致动脉硬化并加重心血管疾病。

8. 烤牛羊肉。

牛羊肉在熏烤过程中会产生如苯并芘这样的有害物质，这是诱发癌症的物质。

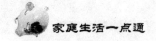

9. 腌菜。

腌菜如腌制得不好，会含有致癌物质亚硝酸胺。

10. 油条。

油条中的明矾是含铝的无机物，天天吃油条，铝就很难由肾脏排出，从而对大脑及神经细胞产生毒害，甚至引发老年性痴呆症。

牛奶越喝越伤身的十大错招

1. 牛奶越浓越好。

所谓过浓牛奶，是指在牛奶中多加奶粉少加水，使牛奶的浓度超出正常的比例标准。也有人唯恐新鲜牛奶太淡，便在其中加奶粉。而如果是婴幼儿常吃过浓牛奶，会引起腹泻、便秘、食欲不振，甚至拒食，还会引起急性出血性小肠炎。这是因为婴幼儿脏器娇嫩，受不起过重的负担与压力。

2. 加糖越多越好。

不加糖的牛奶不好消化，是许多人的"共识"。加糖是为了增加碳水化合物所供给的热量，但必须定量，一般是每100毫升牛奶加 5~8 克糖。把糖与牛奶加在一起加热，这样牛奶中的赖氨酸就会与糖在高温下（80℃~100℃）产生反应，生成有害物质糖基赖氨酸。这种物质不仅不会被人体吸收，还会危害健康。因此，应先把煮开的牛奶晾到温热（40℃~50℃）时，再将糖放入牛奶中溶解。

3. 牛奶加巧克力。

有人以为，既然牛奶属高蛋白食品，巧克力又是能源食品，二者同时吃一定大有益处。事实并非如此。液体的牛奶加上巧克力会使牛奶中的钙与巧克力中的草酸产生化学反应，生成"草酸钙"。于是，本来具有营养价值的钙，变成了对人体有害的物质，从而导致缺钙、腹泻、少年儿童发育推迟、毛发干枯、易骨折以及增加尿路结石的发病率等。

4. 牛奶服药一举两得。

有人认为，用有营养的东西送服药物肯定有好处，其实这是极端错误的。牛奶能够明显地影响人体对药物的吸收速度，使血液中药物的浓度较相同的时间内非牛奶服药者明显偏低。用牛奶服药还容易使药物表明形成覆盖膜，使牛奶中的钙与镁等矿物质离子与药物发生化学反应,生成非水溶性物质,这不仅降低了药效,还可能对身体造成危害。所以,在服药前后各 1~2 小时内最好不要喝牛奶。

5. 用酸奶喂养婴儿。

酸奶是一种有助于消化的健康饮料,有的家长常用酸奶喂食婴儿。然而,酸奶中的乳酸菌生成的抗生素,虽然能抑制很多病原菌的生长,但同时也破坏了对人体有益的正常菌群的生长条件,还会影响正常的消化功能,尤其是患胃肠炎的婴幼儿及早产儿,如果喂食他们酸奶,可能会引起呕吐和坏疽性肠炎。

6. 在牛奶中添加橘汁或柠檬汁以增加风味。

在牛奶中加点橘汁或柠檬汁,看上去是个好办法,但实际上,橘汁和柠檬均属于高果酸果品,而果酸遇到牛奶中的蛋白质,就会使蛋白质变性,从而降低蛋白质的营养价值。

7. 在牛奶中添加米汤、稀饭。

有人认为,这样做可以使营养互补。其实这种做法很不科学。牛奶中含有维生素 A,而米汤和稀饭主要以淀粉为主,它们中含有脂肪氧化酶,会破坏维生素A。孩子特别是婴幼儿,如果摄取维生素 A 不足,会使婴幼儿发育迟缓,体弱多病。所以,即便是为了补充营养,也要将两者分开食用。

8. 牛奶必须煮沸。

通常,牛奶消毒的温度要求并不高,70℃时用 3 分钟,60℃时用 6 分钟即可。如果煮沸,温度达到 100℃,牛奶中的乳糖就会出现焦化现象,而焦糖可诱发癌症。其次,煮沸后牛奶中的钙会出现磷酸沉淀现象,从而降低牛奶的营养价值。

9. 瓶装牛奶放在阳光下晒,可增加维生素 D。

有人从广告中得知:补钙还要补维生素 D,而多晒太阳是摄取维生素 D 的好方法,于是便照方抓药地把瓶装牛奶放到太阳下去晒。其实这样做得不偿失。牛奶可能会得到一些维生素 D,但却失去了维生素 B₁、维生素 B₂ 和维生素 C。因为这三大营养素在阳光下会分解,以致部分或全部失去;而且,在阳光下乳糖会酵化,使牛奶变质。

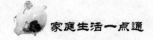

10. 以炼乳代替牛奶。

炼乳是一种牛奶制品，是将鲜牛奶蒸发至原容量的 2/5，再加入 40% 的蔗糖装罐制成的。有人受"凡是浓缩的都是精华"的影响，便以炼乳代替牛奶。这样做显然是不对的。炼乳太甜，必须加 5～8 倍的水来稀释。但当甜味符合要求时，往往蛋白质和脂肪的浓度也比新鲜牛奶下降了一半。如果在炼乳中加入水，使蛋白质和脂肪的浓度接近新鲜牛奶，那么糖的含量又会偏高。

吃鸡莫吃皮

吃鸡肉时莫吃鸡皮。鸡皮含有较多酪氨酸。酪氨酸可加重已患病的肝细胞，并有可能使炎症性肝细胞发生突变。但鸡肉中很少有酪氨酸。

食姜勿过量

生姜有一种类似水杨酸的有机化合物，对降血脂、降血压、预防心肌梗塞有特殊作用。但专家提醒，生姜中含有大量姜辣素，如果空腹食用，或者一次性服用过多，容易刺激肾脏，引起口干、喉痛、便秘、虚火上升等症状。

春季养生须知

在经历了冬季饮食的超量，生活起居的劳顿与不规律之后，春天来到时赶紧行动起来，调整身心，为新的一年储备能量，应付挑战。健康一整年，是可以实现的。

1. 起居规律。

在春天到来之时，皮肤舒展，末梢血液供应增多，汗腺分泌也增多，身体各器官负荷加大，而中枢神经系统却发生一种镇静、催眠作用，肢体感觉困倦。这时千万不可贪图睡懒觉，因为这不利于阳气升发。为了适应这种气候转变，在起居上应早睡早起，经常到室外、林荫小道、树林中去散步，与大自然融为一体。

春天气候多变，时寒时暖，同时人体皮表疏松，对外界的抵抗能力减弱，所以春天到来之时不要一下子就脱去厚衣服，尤其是老年人和体质虚弱者。

2. 饮食调养。

春季人体新陈代谢开始旺盛，饮食宜选用辛、甘、微温之品。

春季饮食应避免吃油腻生冷之物，多吃富含维生素B的食物和新鲜蔬菜。现代医学研究认为，饮食过量、缺少维生素B是引起春天发困的原因之一。

春天是肝旺之时，多食酸性食物会使肝火更旺，损伤脾胃。应多吃一些味甘性平，且富含蛋白质、糖类、维生素和矿物质的食物，如瘦肉、禽蛋、牛奶、蜂蜜、豆制品、新鲜蔬菜、水果等。

3. 养足精神。

人的精神活动必须顺应气候的变化。人体受季节影响最大的时候是季节更替期间，尤其是冬春之交。有些人对春天气候的变化无法适应，易引发精神疾病。现代医学研究表明，不良的情绪易导致肝气郁滞不畅，使神经内分泌系统功能紊乱，免疫功能下降，容易引发精神病、肝病、心脑血管病、感染性疾病。因此，春天应注意情致养生，保持乐观开朗的情绪，以使肝气顺达，起到防病保健的作用。

阳春三月是万物始生的季节，此时要力戒动怒，更不要心情抑郁，要做到心胸宽阔，豁达乐观；身体要放松，要舒坦自然，充满生机。

4. 运动养护。

入春以后要适应阳气升发的特点，加强运动锻炼，可以到空气清新的大自然中去跑步、打拳、做操、散步、打球、放风筝，让机体吐故纳新，使筋骨得到舒展，为一年的工作学习打下良好的基础。实践证明，春季经常参加锻炼的人，抗病能力强、思维敏捷、不易疲劳、办事效率高。

 夏季养生须知

夏天，气温高出汗多，损耗了大量体液，并消耗了各种营养物质，很容易感觉到身体乏力和口渴。这是一种耗气伤阴的表现，会影响到脾胃的功能，引起食欲减退和消化功能下降，因此，医生建议夏天应多吃四类食物。

1. "酸"味食物。

夏季出汗多而最易丢失津液，所以适当吃些酸味食物，如番茄、柠檬、草莓、乌梅、葡萄、山楂、菠萝、杧果、猕猴桃之类，它们的酸味能敛汗止泻祛湿，可预防流汗过多而耗气伤阴，又能生津解渴，健胃消食。若在菜肴中加点醋，醋中的醋酸成分还可起到杀菌消毒防止胃肠道疾病发生的作用。

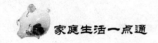

2. "苦"味食物。

俗话说：天热食"苦"胜似进补。苦味食物中含有氨基酸、维生素、生物碱、微量元素等，具有抗菌消炎、解热去暑、提神醒脑、消除疲劳等多种医疗、保健功能。常见的"苦"味食物有苦瓜、蒲公英、啤酒、茶叶、咖啡、巧克力、可可等，但需注意的是，苦味食品一次食用不宜过量，过苦容易引起恶心、呕吐、败胃等不适反应。

3. 富"钾"食物。

由于热天人们出汗较多，大量出汗可带走大量的钾元素，会使体内钾离子过多丧失，造成低血钾现象，会引起人体倦怠无力、头昏头痛、食欲不佳、精神不振等症候。热天防止缺钾最有效的方法是多吃含钾食物，如草莓、桃子、菠菜、马铃薯、大葱、芹菜、毛豆等。茶叶里面的含钾量特别大，占 1.5% 左右，热天多饮茶，既可消暑，又能补钾，可谓一举两得。

4. 顺气食物。

夏天天气炎热，往往造成人们身心疲惫烦闷，吃不下睡不好，这个时候，除放松、舒展、做好精神、心理调节之外，选食一些顺气又可口的食物尤为重要。例如萝卜、啤酒、玫瑰花、藕、茴香、山楂、橘子等。

 ## 秋季养生须知

秋季，自然界阳气渐收，阴气渐长，秋风劲急，气候干燥。人们起居调节应与气候变化相适应，以免秋天肃杀之气对人体产生不良影响。现就秋季养生保健的方法介绍如下：

1. 滋阴润肺。

秋天空气干燥，加之人体在夏季津液耗损，容易出现口舌生疮、鼻腔和皮肤干燥、咽喉肿痛、咳嗽、便秘等"秋燥"现象。可适当选服些滋阴润肺补品或药粥。如沙参、百合、银耳、芝麻加粳米、冰糖适量煮粥即可，早晚服食，以防秋燥伤人。

2. 早睡早起。

秋风乍起，气候干燥而秋日早晨天高气爽，空气清新，是秋天一日中空气最为湿润的好时候，早睡早起，以利收敛神气，使肺不受秋燥的损害，从而保持充沛的活力。

3. 秋凉宜冻。

俗话说："一场秋雨一场凉"，且秋天昼夜温差较大，应随时增减衣服，以防止秋凉感冒。但为了提高人体对冬天的御寒能力，某些呼吸道抵抗力较弱而易患气管炎的人，特别应进行秋冻，以保证机体从夏热顺利的与秋凉"接轨"。以增强体质提高人体对气候变化的适应性与抗寒能力。

4. 调理饮食。

秋季气候干燥，空气温度低，汗液蒸发快，应多补充些水分以及水溶性维生素 B 和 C，平时可多吃苹果和绿叶蔬菜，以助生津防燥，滋阴润肺。但秋天不应贪食瓜果，以防坏肚而损伤脾胃。也应少用葱、姜、蒜、韭菜及辣椒等温燥热食物，否则夏热未清，又生秋燥，易患温病热症。适当吃些高蛋白食物，如牛奶、鸡蛋和豆类等，使人的大脑产生一种特殊物质，可消除抑郁情绪。

 ## 冬季养生须知

1. 宜出汗。

少冬属阴，以固护阴精为本，宜少泄津液。故冬"去寒就温"，预防寒冷侵袭是必要的。但也不可暴暖，尤忌厚衣重裘、向火醉酒、烘烤腹背、暴暖大汗。

2. 宜健脚板。

健脚即健身。必须经常保持脚的清洁干燥，袜子勤洗勤换，每天坚持用温热水洗脚时，按摩和刺激双脚穴位。每天坚持步行半小时以上，活动双脚。早晚坚持搓揉脚心，以促进血液循环。此外，选一双舒适、暖和轻便、吸湿性能好的鞋子也非常重要。

3. 宜防犯病。

冬季气候诱使慢性病复发或加重，寒冷还刺激心肌梗死、中风的发生，使血压升高和溃疡病、风湿病、青光眼等病症状加剧。因此，冬季应注意防寒保暖，特别是预防大风降温天气对机体的不良刺激，备好急救药品。同时还应重视耐寒锻炼，提高御寒及抗病能力，预防呼吸道疾病发生。

4. 宜水量足。

冬日虽排汗排尿减少，但大脑与身体各器官的细胞仍需水分滋养，以保证正

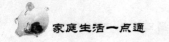

常的新陈代谢。一般每日补水 2 000 ~ 3 000 毫升。

5. 宜调精神。

冬天确实易使人身心处于低落状态。冬天改变情绪的最佳方法就是活动，慢跑、跳舞、滑冰、打球等，是消除冬季烦闷，保养精神的良药。

6. 宜入睡早。

冬日阳气肃杀，夜间尤甚，古人主张"早卧迟起"。早睡以养阳气，迟起以固阴精。

第五章　投资理财篇——金鸡下蛋，以钱生钱

在通货膨胀时代，节流很重要，但是开源同样重要，不懂得投资理财，钱放在那里不仅不增值，还会变得越来越不"值钱"。掌握一些日常理财小窍门，将开源和节流两手抓，两手都要硬，让财富储蓄池里的水越来越满！

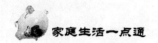

第一节　家庭理财

出国留学换汇有窍门

近年来，随着人们生活水平的提高，出国留学人员逐渐增多，到银行兑换外币支付学费的客户数量也逐年增长，多数人以为换汇只是付出人民币，获得外汇而已，殊不知其中还有许多可以节省资金的小窍门。

1. 利用币种兑换价差省钱。

从历年换汇业务来看，每年的换汇高峰一般从国外学校开学前两个月开始，所以开始为出国留学做准备的学子们不妨稍微花点工夫研究换汇小窍门，可能会有额外的收获。

如今，许多银行都有外汇买卖业务，学子们完全可以利用该业务在换汇中节省一些支出。因为，银行的外汇人民币牌价是一天一个价钱，而外汇买卖的汇率是随时随地在变化的。

例如，需要换取 10 000 澳大利亚元，按照中国银行某日的人民币牌价，需要支出人民币 49 080 元，而如果选择外汇买卖，换取美元的话，情况就不同，按照某日的汇率 0.5862/0.5892，10 000 澳大利亚元需要支出 5 892 美元，而 5 892 美元的换汇只需支出人民币 48 844.09 元，这样就可以节省人民币 235.91 元。

2. 选择不同汇款方式省钱。

许多客户在换完汇后，往往都选择电汇这种汇款方式，而忽略了其他汇款方式。

其实，有时票汇也是一种很好的汇款方式。如果首次出境在国外尚未开立银行账户，而所去留学的城市正好有中国银行，那票汇将是不错的选择，因为它携带方便，并可以节省费用。

例如，去英国伦敦留学，学费 10 000 英镑，在换完汇后，选择电汇将支付手续费人民币283.20元，而票汇只需手续费人民币133.20元。

如果选择电汇，最好选择收款行是海外的中行，这样将省去汇款的中转费用，加快款项到账的时间。

五种理财收益不用缴个税

1. 国债：我国税法规定，个人投资国债和特种金融债所得利息免征个人所得税。综合免税因素，其收益率高于同期银行存款。

2. 基金：基金向个人投资者分配红利、个人投资者购买基金获得收益时不扣缴个人所得税。

3. 教育储蓄：作为零存整取的形式出现，存款最高限额为2万元。

4. 信托产品：暂无征税规定。

5. 保险。

现代家庭理财的五大危机

1. 收入虽增，支出更大。传统家庭多是男主外女主内，全家收入多依赖一家之主；而现代职业妇女相当普遍，双薪家庭收入增加，可以支配的家庭收入相对较多。但是由于现代人物质欲望高，消费诱惑也大，收入虽较丰厚，花费也比以往高出许多。传统家庭生活俭朴，赚2 000元可以存500元，但现代家庭常有过度消费情形，赚得多花得也多，挣5 000元可能花5 000元，反而更难存到钱，有时甚至负债消费。

2. 投资虽广，风险也高。传统家庭财理方式多半以储蓄为主，财富累积速度虽慢，但风险也低，至少不会把本金赔掉。而现代投资理财工具多样化，包括股票、基金、债券、保险等，各种投资工具的报酬率也比存款高，但若未具备专业知识而盲目理财，其结果不仅白忙一场，还可能因此赔掉老本。

3. 子女虽少，花费更多。过去的夫妻并没有节育观念，孩子多多益善是多数人的观念；而现代家庭普遍响应计划生育，只有一个孩子，但由于父母十分重视孩子的养育，花在生活上、学习教育上的费用比以前多得多。

4. 借钱虽易，利息巨增。传统家庭总认为借钱是件很羞耻的事，而且借钱渠道很少也不方便；现代人借钱较容易，造成许多人习惯先消费后付款甚至借钱消费，利息负担便成为资产累积的绊脚石。特别是那些借款投资的家庭，一旦投资受损，利滚利可能让你终身负债。

5. 家人虽少，负担反重。传统家庭结构主要是三代同堂，虽然自主性不足，但小夫妻的开销却能大幅降低，而现代夫妻结婚后多自组小家庭，于是购房、买家具、带小孩子等都是自己来。虽然可享有自由，却也造成经济基础还不稳定的小夫妻多了房租或房贷、保姆费开支等经济负担。

 ## 家庭常用理财方式

1. 储蓄——基础。

银行储蓄，方便、灵活、安全，被认为是最保险、最稳健的投资工具。储蓄投资的最大弱势是，收益较之其他投资偏低，但对侧重于安稳的家庭来说，保值目的可以基本实现。

2. 股票——谨慎。

购买股票是高收益高风险的投资方式。股市风险的不可预测性毕竟存在。高收益对应着高风险，投资股票的心理素质和逻辑思维判断能力的要求较高。

3. 房地产——必要。

购买房屋及土地，这就是房地产投资。国家已将房地产作为一个新的经济增长点，又将房地产交易费税有意调低并出台按揭贷款支持，这些都十分利于工薪家庭的物业投资。房地产投资已逐渐成为一种低风险、有一定升值潜力的理财方式。

4. 债券——重点。

债券投资，其风险比股票小、信誉高、利息较高、收益稳定。尤其是国债，有国家信用作担保，市场风险较小，但数量少。企业债券和可转换债券的安全性值得认真推敲，同时，投资债券需要的资金较多，由于投资期限较长，因而抗通货膨胀的能力差。

5. 外汇——辅助。

外汇投资对硬件的要求很高，且要求投资者能够洞悉国际金融形势，其所耗的时间和精力都超过了工薪阶层可以承受的范围。

6. 字画——爱好。

名人真迹字画是家庭财富中最具潜力的增值品。但将字画作为投资，对于工薪阶层来说较难。而且现在字画赝品越来越多，这又给字画投资者一个不可确定因素。

7. 古董——欣赏。

古代陶瓷、器皿、青铜铸具、景泰蓝以及古代家具、精致摆设乃至古代钱币、皇室用品因其年代久远，日渐罕见而成为国宝，增值潜力极大。在各地古董市场上，古董赝品的比例高达 70% 以上，不适合一般的工薪家庭投资，只适于欣赏。

家庭理财三本账

随着经济收入的增加，家中重要的金融资产日渐增多。为了保管好这些资产，以便账目清楚、取用方便并避免因管理不善造成的不必要经济损失，家庭有必要建立理财的三个账本：理财记账本、贵重物品的发票档案本、金融资产档案本。

1. 理财记账本：其账簿可采用收入、支出、结存的"三栏式"，方法上可将收、支发生额以流水账的形式逐笔记载，月末结算，年度总结。同时，按家庭收入、支出等项目设立明细分类账，并根据发生额进行记录，月末小结，年度作总结。

家庭记账能带来诸多好处。通过记账，能全面反映家庭在一定时期内的经济收入、支出以及结余情况；能对家庭中各项经济收支进行分类反映，起到鼓励人们积极计划家庭收支的作用；同时，又能使家庭人员本着先收后支、量入为出的原则，合理地安排开支，节省费用。

2. 发票档案本：主要收集购物发票、合格证、保修卡和说明书等。当遇到质量事故给消费者带来损失时，购物发票无疑是消费者讨回公道、维护自身合法权益的重要凭证，所以一定要妥善保存。在保修期内，保修卡是商品保修凭证，在发生故障时，说明书是维修人员的好帮手。

3. 金融资产档案本：及时将有关资料记载入册，当存单等票据遗失或被盗时，可根据家庭金融资产档案查证，及时挂失，以便减少或避免经济损失，这实际上是家庭隐性理财的一个方面。

怎样记家庭流水账

第一，要真实地记录下每一笔收入和支出，哪怕是几分钱的账，绝不要认为家庭账是记给自己看的，小数目可以忽略，时间长了就是一笔大数目了。

第二，要坚持做到天天记，最好养成一个良好的习惯，每天临睡前把当天的账务整理清楚，防止时间长了而误记，造成账实不符。

第三，要注意保管账簿，可以按年份装订起来，以便进一步保管。这就像企业的财务大检查，要把每一笔数据的来龙去脉逐一搞清楚，确保当月资金的周转。

 纳税种类心里有谱

个人所得税：征收范围包括个人取得11类收入，如工资薪金、劳务报酬、意外收入、稿酬等。

契税：买卖房屋时，卖房人要一次性缴纳的税收。我国《契税暂行条例》规定契税税率为3%～5%；个人购买自用普通住宅，契税暂行减半征收。

车辆购置税：凡购买车辆，均须按购车款的一定比例交纳购置税，新的车辆购置税对不同车型进行了调整，其中微型的税率最低，高油耗及豪华车较高。

车船税：凡拥有并且使用车船的单位和个人，必须缴纳车船税。目前我国对10座以下的车采取的是每年定额征收200元的规定。

印花税：征收范围包括合同书或者具有合同书性质的凭证、产权转移书据等。例如，贷款合同要缴纳的印花税，买卖股票要缴纳的证券印花税等。

购物小票有妙用

将超市的"购物小票"收集起来，对家庭日常理财也会有一定的帮助。

一般超市打印的"购物小票"上面都会将你所购物的名称、单价、数量、时间等一一列出，花了钱让人感到心中有数。在各家超市中，虽然是同一种商品，但价格相差较大，要是将这些超市的"购物小票"做一比较，就可了解到哪一家的某种商品的价格会更低一些。比如同一种品牌的方便面价格有时相差

20%左右，某地产的酱油在不同的超市也有0.5元的浮动，以后若再买某种商品时便可再次光顾那家价位相对较低的超市。

将"购物小票"按时间顺序存放起来，到了月底进行一次装订结账，还可以知道当月的生活用品的支出情况，同时可起到记账的作用。通过经常整理这些"购物小票"可以看出，每到节日期间，各家超市为了吸引更多的消费者，总要搞许多促销活动。这期间会将那些日常用品临时降价销售，此时便可选购一些如色拉油、牙膏、香皂等生活必备品。如果这样日积月累，一年下来，仔细算一下就会发现能节省一笔不小的开支。

 ## 发票与理财

生活中，很多时候都会用到发票，只要消费后可以索取发票的，就一定要索取。列举事例如下：

1. 报销。一般，公司的财务是不认可收据的，所以，必须索取发票，否则，就自己掏腰包了。

2. 退货。正规的商场或超市都有退货业务，当然也有时间限制，一般是一个星期以内，而且商品必须完好无损。有些超市也承认购物小票，但为了保险起见，还是尽可能去服务台开发票。

3. 换货。在开发票的时候要问清楚，多长时间内可以退货换货。

4. 维修。有发票帮忙，可以保修（根据所买物品的不同保修期也不同）。

5. 索赔。如果保存了消费票据，日后一旦出台商家对消费者索赔的政策，那咱也就有理有据了。

6. 获赠。很多超市都有会员卡，有些商品标有会员价，可以优惠一点点。单独办会员卡是要交现金的，但如果单次消费达一定金额就可以免费获赠会员卡。

7. 备用。购房发票以及其他契税发票，先保存起来，以备不时之需。

 ## 快速辨别人民币真假

现在就是银行的取款机也能取出假钱，因此辨别人民币的真假成为诸多市民首要注意的问题。直观辨别人民币真伪的方法，可归纳为"一看、二摸、三听、四测"：

"一看"：一是看水印，把人民币迎光照看，10 元以上人民币可在水印窗处看到人头像或花卉水印，5 元纸币是满版古币水印。二是看安全线，第四套人民币 1990 版 50 元、100 元钞票在币面右侧有一条清晰的直线。假人民币的"安全线"或是用浅色油墨印成，模糊不清，或是手工夹入一条银色塑料线，容易在币纸边缘发现未经剪齐的银白色线头。第五套人民币的安全线上有微缩文字，假人民币仿造的文字不清晰，线条容易抽出。三是看钞面图案色彩是否鲜明，线条是否清晰，对接线是否对接完好，无留白或空隙。

"二摸"：由于 5 元以上面额人民币采取凹版印刷，线条形成凸出纸面的油墨道，特别是在盲文点、"中国人民银行"字样、第五套人民币人像部位等。用手指抚摸这些地方，有较鲜明的凹凸感，较新钞票用手指滑过，有明显阻力。目前收缴到的假人民币是用胶版印刷的，平滑、无凹凸感。

"三听"：人民币纸张是特制纸，结实挺括，较新钞票用手指弹动会发出清脆的响声。假人民币纸张发软，偏薄，声音发闷，不耐揉折。

"四测"：用简单仪器进行荧光检测，一是检测纸张有无荧光反应，人民币纸张未经荧光漂白，在荧光灯下无荧光反应，纸张发暗。假人民币纸张多经过漂白，在荧光灯下有明显荧光反应，纸张发白发亮。二是人民币有一二处荧光文字，呈淡黄色，假人民币的荧光文字泽色不正，呈惨白色。

 ## 如何识破街头的几种骗局

1. "猜瓜子法"：骗子在碟子里放着几颗瓜子，上面用木板盖着，参赌人押上钱，如果猜中瓜子数，设赌局的人就输给对方相同数额的钱，如果猜错了，押上的钱就归设局的人，而设赌用的瓜子是做了手脚的，其中有颗是"铁瓜子"，手指上粘磁铁就能控制数量。

2. "下象棋法"：骗子利用对方永远也下不赢的残棋骗人，获胜后骗取钱财。

3. "假文物法"：骗子以外币、假药、假首饰、假字画等为道具，谎称家中有难急需脱手手中的外币或祖上留下的"宝物"，愿以低于市价出售，或称因生意缺钱，以假货做抵押，进行借贷。

4. "招聘报名法"：骗子以高薪水骗你上钩。当你打电话过去后，他则约你到某地相见，叫你把电话留下，你兴致勃勃赶到某地，却未见招聘者，但你电话或 BP 机响了，告诉你他在某处你不易发现的地方，面试通过了，让你在他的账号上打入多少多少的报名费即可，当你打入现金之后你再打这个电话时，对方告诉你这是一个公用电话，你的钱已打了水漂，对方已消失得无影无踪。

5. "中奖转让法"：一人在火车上或汽车、轮船上大叫喝的中奖了，其他骗子往往惊呼奖金有不菲的价值，有骗子做抢夺状，有人便在旁边怂恿你低价买入赚他一笔。

第二节 投资理财

买保险的窍门

随着人们保险意识的不断增强，我们身边买保险的人也逐渐多了起来。买保险就是买未来生活的保障，因而要慎重。买保险要注意以下窍门。

1. 要放下成见，不要偏听偏信。保险公司是经营风险的金融企业。《保险法》规定保险公司可以采取股份有限公司和国有独资公司两种形式，除了分立、合并外，都不允许解散，所以，大可放下门第之见入保险，但重点要看公司的条款是否更适合自己，售后服务是否更值得信赖。

2. 要比较险种，不要盲目购买。每个人在购买贵重商品时，都会货比三家，买保险也应如此。尽管各家保险公司的条款和费率都是经过中国人民银行批准的，但比较一下却有所不同。如领取生存养老金，有的是月领取，有的是定额领取；同是大病医疗保险，有的是包括 10 种大病，有的只防 7 种。这些一定要搞清楚，弄明白，针对个人情况，自己拿主意。

3. 要研究条款，不要光听介绍。保险不是无所不保，对于投保人来说，应该先研究条款中的保险责任和责任免除这两部分，以明确这些保险单能为您提供什么样的保障，再和您的保险需求相对照，要严防个别营销员的误导。没根没据的承诺或解释是没有任何法律效力的。

4. 要确定需要，不要心血来潮买保险。首先考虑自己或家庭的需求是什么，比如担心患病时医疗费负担太重而难以承受的人，可以考虑购买医疗保险；为年老退休后生活担忧的人可以选择养老金保险；希望为儿女准备教育金、婚嫁金的父母，可投保少儿保险，或教育金保险等。所以，弄清保险需要再去投保是非常重要的。

5. 要考虑保障，不要考虑人情。保险是一种特殊商品。一件衣服或一套家具买来了，如不喜欢可以不穿不用，也可以送人，而保险则不能转送。有些人买保险，只因营销员是熟人或亲友，本不想买，但出于情面，还没搞清条款，就硬着头皮买下，以后发现买到的是不完全适合自己需要的保险险种，结果是不退难受，退了经济受损失也难受。

6. 要考虑责任，不要只图便宜。俗话说"一分钱一分货"，保险也是如此，不能光看买一份保险花了多少钱，而要搞清楚这一份保险的保险金是多少，保障范围有多大，要全方位地考虑保险责任。

 投保失误退保法

投保后，如果发现误解了保单的条文，或者投保的险种并不适合自己而想退保时，必须马上进行，超过规定期限就不能退保了。根据有关规定，签订订单10天之内，可以退保，保费如数退还。这10天对每一位投保人来说都是相当重要的。因为这是投保人重新研读保单，避免误解保单内容的一个机会，应该逐字逐句地领会条款，万一有什么疑问可以先行退保，等问题搞清楚后再考虑投保。倘若签完单后糊里糊涂地将之扔在一边不去理会，就白白损失了10天的大好机会，万一再想要退保，就很困难了。

 投保出险后理赔法

1. 要及时、准确报案。一旦出了险，应马上直接通知保险公司，也可以告诉代理人。报案时应详细说明报案人姓名，事故发生时间、地点、经过、原因、结果，投保险种，保单号。及时和准确地报案会便于保险公司确切了解保险事故的经过，有利于赔付工作。

2. 要求理赔时，保户应该向保险公司提供有关的详细资料，如病史记录、医疗费用单据、各种检验报告以及其他各种相关证明文件。保险公司的理赔部门收到这些资料后，会在最短的时间内核定赔偿额。保户就可以及时得到经济补偿。

3. 要注意申请理赔的理由在保单责任范围内，否则保险公司会拒绝赔偿。另外，还要注意申请理赔的期限，一旦过了这期限，保险公司就可以不受理。

 ## 保险代理人挑选

挑选真诚可靠的保险代理人十分重要，可以从三个方面考虑：

1. 代理人的专业知识：一个精于保险的人会根据客户的具体情况设计相应的险种，而不只是能做单就行。

2. 代理人的人品：保险是一个奉献爱心的行业，但不容否认，由于该行业发展过快，确有一些"害群之马"混了进来，他们只图赚钱，甚至有可能会用一些根本不存在的条款欺骗客户。一般来说，夸夸其谈，或专拣客户喜欢听的话说的保险代理人绝不是理想的对象，反之，则可多考虑。

3. 代理人的从业态度：有些人从事保险代理，做完几张单后就离开保险公司，这样你的保单就会成为孤儿单，虽然各家寿险公司对这种保单有具体的管理办法，但终不如在开始就选择一个诚实负责的代理人安全可靠。当然，优秀的保险代理人不是马上就可以找到的，这里需要时间和比较。根据以往的经验，挑选优秀的保险代理人可以采取先交朋友后投保的方式进行。例如，可以多接触几个业务员，多与他们作朋友式的交谈，从中找出一个最称心的业务员作为自己的保险代理人。

 ## 注意养卡一年的花销

以目前国内银行卡市场占有率最高的农业银行金穗借记卡为例：年费 10 元；工本费 5 元；本地跨行取款交易 2 元/笔；跨省异地取现，按取款金额收 1% 手续费，最低 1 元，跨行再加收 2 元/笔；跨行异地存款，收 0.5% 手续费，最低 1 元，上限 50 元；卡挂失，10 元；卡补办，5 元；自 2006 年 6 月 1 日开收跨行查询费每笔 0.3 元；小额账户管理费，不足 300 元每季收 3 元等。

事实上，四大国有银行的上述收费政策基本相同，也就是说，要想使用一张便利点的国有银行发的银行卡，持卡人就要默认上述收费明细表。假设持卡人一年中使用上述所有服务各 1 次，而跨行存取款金额以 100 元计，那么，该持卡人"养"卡花销约 49.3 元/年。由此可见，收费对国内银行，特别是大银行而言，对其盈利的贡献度是极高的。

巧用信用卡理财

要考虑信用卡的用卡成本。一般情况下，透支功能越强的银行卡，年费往往越高，因为信用卡的年费收取方式和借记卡不同，采用的是强制扣收，也就是说即使你的信用卡上一分钱也没有，但到了扣年费的时候，银行也会从持卡人的信用卡中透支一定款项来替你缴纳年费。因此，办理信用卡要问清年费的标准以及扣收时间和方式，或尽量选择有刷卡免年费等优惠的信用卡。

高透支额不利于风险控制。信用卡透支的额度越高，持卡人面临的风险往往越大，虽然信用卡上没有钱，但因为可以透支消费和取现，如果持卡人不慎将卡和身份证一同丢失，他人就有可能凭身份证从银行查询或修改信用卡密码，从而将卡上的透支额度全部用光。所以，在申请透支额度时，应根据自己的情况申请，够用即可，切莫盲目求多。

切莫透支进行风险投资。很多精明的持卡人用信用卡透支或通过消费方式套取现金，然后进行炒股、买股票基金等风险性投资，这些投资渠道往往风险较大，投资界有句老话叫"不要借钱炒股"，因为用自己的钱炒股，最多把本钱输掉，而透支"借来"的钱不但可能赚不到钱，还有可能背上一身债务，偷鸡不成蚀把米，就不值得了。

因此，大家在选择信用卡时，切莫一味追求信用卡的高透支额，应多注重信用卡的用卡环境、优惠举措以及收费等情况，从而综合衡量，选择一款实用、实惠、适合自己的信用卡。

信用卡被盗损失银行分担

信用卡丢失后可能被人盗用，大多数持卡人都会有这样的顾虑。据了解，目前大多数银行的做法是挂失生效后的被盗用损失由银行承担，而有的银行将其分担信用卡被盗用损失的时限提前到了挂失前 48 小时。

招商银行推出了信用卡的"失卡万全保障"功能。招行信用卡持卡人在卡片丢失或失窃后，只要及时向银行挂失并履行简单手续，则在挂失前48小时内发生的被盗用损失将由该行分担。分担的金额普卡最高人民币10 000元；金卡最高人民币15 000元；白金卡持卡人在挂失前48小时内发生的全部被盗用损失将由该行承担，仅以持卡人本人信用额度为限。

医疗IC卡使用小窍门

参加了医疗保险的人都会拥有自己的医保IC卡，那医保IC卡上的资金是从哪里来的呢？医保IC卡上的资金来源于两部分：一是职工个人缴纳的医疗保险费全部记入医疗IC卡，资金额度一般为本人工资收入的2%；二是由医保管理部门从用人单位为员工缴纳的医保费用中划拨的资金。用人单位为员工缴纳的医保额度一般为员工工资收入的6%，医保管理部门会将这6%中的30%存到该员工的医疗IC卡。其具体存入比例视年龄不同、地方不同而异，一般而言，45岁以下者存入30%，45岁以上者存入50%，退休人员存入75%。

那剩下的那部分钱会存到哪里去呢？医保管理机构会将剩下的钱存入社会统筹医疗基金中去，当参保者需要大额医疗费时，便可以使用社会统筹医疗基金。

使用医疗保险，有一些项目和费用是不能够报销的，归纳起来有以下五类：

第一类是服务项目类：挂号费、院外会诊费、病历工本费等；出诊费、检查治疗加急费、点名手术附加费、优质优价费、自请特别护士等特需医疗服务。

第二类是非疾病治疗项目类：各种美容、健美项目以及非功能性整容、矫形手术等；各种减肥、增胖、增高项目；各种健康体检；各种预防、保健性的诊疗项目；各种医疗咨询、医疗鉴定。

第三类是诊疗设备及医用材料类：应用正电子发射断层扫描装置（PET）、电子束CT、眼科准分子激光治疗仪等大型医疗设备进行的检查、治疗项目；眼镜、义齿、义眼、义肢、助听器等康复性器具；各种自用的保健、按摩、检查和治疗器械；各省物价部门规定不可单独收费的一次性医用材料。

第四类是治疗项目类：各类器官或组织移植的器官源或组织源；除肾脏、心脏瓣膜、角膜、皮肤、血管、骨、骨髓移植外的其他器官或组织移植；近视眼矫正术；气功疗法、音乐疗法、保健性的营养疗法、磁疗等辅助性治疗项目。

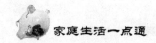
第五类是其他类：各种不育（孕）症、性功能障碍的诊疗项目；各种科研性、临床验证性的诊疗项目。就（转）诊交通费、急救车费；空调费、电视费、电话费、婴儿保温箱费、食品保温箱费、电炉费、电冰箱费及损坏公物赔偿费；陪护费、护工费、洗理费、门诊煎药费；膳食费；文娱活动费及其他特需生活服务费用。

 ## 买养老险要精打细算

养老险保费较高，选择不当，很容易成为经济负担。因此，选择养老险的要点之一就是量入为出。缴费期限不同，保费差别会很大，所以，投保养老险要做好规划。

养老险缴纳期限越短，缴纳的保费总额越少。举例来说，今年30岁的男士投保某保险公司的10万元养老险，到60岁每年领取1万元。如果选择一次缴清的方式，总共需要缴纳20.6万元保费；如果选择20年期缴的方式，每年缴纳13 100元，总共须缴纳26.2万元。这是因为养老险采取复利计息的方式，缴费时间不同，保费差别很大。

在经济宽裕的情况下，缩短缴费期限是较为经济的。目前保险公司在开发养老险时除了一次趸缴外，还提供3年缴、5年缴等短期缴费方式，消费者可以根据自身具体情况做出选择。

对大多数工薪族而言，最好选择期缴保险。每年（每月）拿出一定量的钱作为保险费，既能满足储蓄养老的需求，又能降低年缴保费金额，减轻眼下的经济负担。同样以30岁的男士投保保额为10万元的养老险为例，如果选择10年缴费，每年需缴2.37万元；如果选择20年缴费，则每年需缴1.31万元。

 ## 基金购买窍门

窍门之一：研读招募说明书，磨刀不误砍柴工。在购买基金之前，必须研阅读招募说明书，六大要素最要关注：投资目标、投资策略、风险、费用、基金管理人和过往业绩。

窍门之二：兼听则明，偏信则暗。不少人都容易冲动投资，买基金需要多听各方面的意见，不能只认准一只基金或一家基金公司的说法，要多问几家，多做比较，也有一些专门评估基金的网站，可以参考。虽然买基金比炒股省事，但必要的股票知识还是需要掌握的。

窍门之三：净值和累计净值都重要。基金的净值是指你所买的基金现在每股的价值，而累计净值是包括你所买的基金现在的市场价值和每股基金累计红利二者加到一起的价值。简单地说，累计净值体现"过去成绩"，净值体现"现在成绩"，购买时都必须考虑。

窍门之四：只买对的，不怕贵的。基金价格不是投资时的判断标准，关键是这只基金背后公司的投资管理能力。便宜基金不代表未来收益高，基金净值高也不代表投资风险高。

零存整取定期储蓄窍门

1. 储种特点。5 元起存，存期分为一年、三年、五年 3 个档次，适应各类储户参加储蓄，尤其适合低收入者生活节余积累成整的需要。存款开户金额由储户自定，每月存入一次，中途如有漏存，应于次月补存，未补存者视同违约，到期支取时对违约之前的本金部分按实存金额和实际存期计算利息；违约之后存入的本金部分，按实际存期和活期利率计算利息。

2. 存储技巧。零存整取适用于较固定的小额余款存储，积累性强。由于这一储种较死板，最重要的技巧就是"坚持"，绝不连续漏存 2 个月。有一些人存储了一段时间后，认为如此小额存储意义不大，就放弃了，这种前功尽弃的做法损失最大。若有众多同事同时办理零存整取业务，可委托单位的工会等组织进行集体批量办理，省去每个人都跑银行的劳累。

整存整取定期储蓄窍门

1. 储种特点。50 元起存，存期分为三个月、半年、一年、二年、三年和五年 6 个档次。本金一次存入，银行发给存单，凭存单支取本息。在开户或到期之前可向银行申请办理自动转存或约定转存业务。存单未到期提前支取的，按活期存款计息。

2. 存储技巧。定期存款适用于生活节余的较长时间不需动用的款项。在高利率时代（例如 20 世纪 90 年代初），存期就要"中"，即将 5 年期的存款分解为

1 年期和 2 年期，然后滚动轮番存储，如此因可利生利而收益效果最好。

在如今的低利率时期，存期就要"长"，能存 5 年的就不要分段存取，因为低利率情况下的储蓄收益特征是"存期越长、利率越高、收益越好"。

当然对于那些较长时间不用，但不能确定具体存期的款项最好用"拆零"法，如将一笔 5 万元的存款分为 0.5 万元、1 万元、1.5 万元和 2 万元 4 笔，以便视具体情况支取相应部分的存款，避免利息损失。若预见遇利率调整时，刚好有一笔存款要定期，此时若预见利率调高则存短期；若预见利率调低则要存长期，以让存款赚取高利息。

此外，还要注意巧用自动转存（约定转存）、部分提前支取（只限一次）、存单质押贷款等理财手段，避免利息损失和亲自跑银行转存的麻烦。

 活期储蓄窍门

1. 储种特点。目前银行一般约定活期储蓄 5 元起存，多存不限，由银行发给存折，凭折支取（有配发储蓄卡的，还可凭卡支取），存折记名，可以挂失（含密码挂失）。利息于每年 6 月 30 日结算一次，前次结算的利息并入本金供下次计息。

2. 存储技巧。活期存款用于日常开支，灵活方便，适应性强。一般将月固定收入（例如工资）存入活期存折作为日常待用款项，供日常支取开支（水电、电话等费用从活期账户中代扣代缴支付最为方便）。

由于活期存款利率低，一旦活期账户结余了较为大笔的存款，应及时支取转为定期存款。另外，对于平常有大额款项进出的活期账户，为了让利息生利息，最好每两月结清一次活期账户，然后再以结清后的本息重新开一本活期存折。

另外，在开立活期存折时一定要记住留存密码，这不仅是为了存款安全，而且还方便了日后跨储蓄所和跨地区存取，因为银行规定：未留密码的存折不能在非开户储蓄所办理业务。

 国债购买多得益

1. 推迟购买日期：有的国债兑付日在发行时即已确定，而发行期又较长，一般都有半个多月，如你在发行快结束时买进，无疑缩短了国债资金存入天数，提高了收益率。

2. 上市后购买：现在国债发行一般采用招标方式，由证券商承购包销后再转手卖给投资者，有的券商在发行日期结束后仍没卖完，为了调转资金，就不得不在二级市场上低价抛售，这样就可以买到一些便宜的国债。

国债投资品种选择

1. 记账式国债：以记账的形式记录债权，通过证券交易所的交易系统发行和交易，可以记名、挂失。在发行期内购买记账式国债，不收取手续费，但在二级市场交易时要收取一定的手续费。有充裕时间进出债市，又有一笔较大的闲置资金的投资者，可选择记账式国债，因其价格变动大，能赚到差价。

2. 无记名国债：是一种实物国债，以实物券面的形式记录债权，其面值有：50、100、500、1 000 等，无记名国债不可记名，不能挂失，但可上市流通交易。发行期结束后，实物券面持有者可以在柜台卖出，也可将实物券面在证券交易所托管后，通过交易所系统卖出。无记名式国债现已停止发行。

3. 凭证式国债：是一种国家储蓄债，可以记名、挂失。凭证式国债以"凭证式国债收款凭证"记录债权。凭证式国债不可上市流通，从投资人购买之日开始计息。在持有期内，持券人如遇特殊情况需要变现时，可到原购买网点提前兑取。提前兑取时，除偿还本金外，利息按实际持有天数及相应的利率档次计付。凭证式国债较适合上班族、中老年投资者购买，因其较为安全，可挂失，风险最小，存取方便，收益有保障。

人民币收藏投资

1. 齐：成套的人民币身价高，交易方便。

2. 优：品相好坏之间的差价可达几十倍。

3. 少：发行量少、流通时间短、面额大的升值较快。

4. 特：含特殊内容的人民币要重点收藏，如特殊面值：3 元；特殊主题：重大事件的纪念币；形状奇特；材质特殊的。

5. 廉：升值幅度不大的将停止流通的品种。

6. 热：题材新颖、主题重要、制作精良、发行有限的品种都很快成为收藏热点。

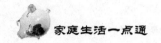
第三节　买房购车

哪种房贷还款省钱

1. 固定利率房贷。

特点：在加息周期较合算

适合还贷时间为 5 年左右的人群

部分银行已设计出固定利率房贷的组合形式：即前 5 年实施封闭式贷款、商定固定利率，比目前 5 年期房贷利率高出 0.61 个百分点、不可提前还贷；剩余年限则是开放式贷款，即利率按照市场浮动，借款人可随时提前偿还贷款。并且，主要针对 40 岁以下人群的贷款，根据经验，这类人群的还贷时间多在 5 年左右。

2. 等额本息还款。

特点：每月还相同的数额，操作相对简单

适合公务员、教师等收入稳定的群体

采用这种还款方式，每月还相同的数额，作为借款人，操作相对简单。每月承担相同的款项也方便安排收支。尤其是收入处于稳定状态的家庭，买房自住，经济条件不允许前期投入过大，可以选择这种方式。公务员、教师等职业属于收入和工作机会相对稳定的群体，也很适合这种还款方式。

3. 等额本金。

特点：可随还贷年份增加逐渐减轻负担

适合目前收入较高但预计将来会减少的人群

除了等额本息还款法外，等额本金还款也是普通家庭较常选择的一种方法。所谓等额本金还款，又称等本不等息还款法。就是借款人将本金分摊到每个月内，同时付清上一还款日至本次还款日之间的利息。这种还款方式相对同样期限的等额本息法，总的利息支出较低，但是前期的还款压力较大，而还款负担则逐月递减。

4. 按期付息还本。

特点：可把每个月要还的钱凑成几个月一起还

适合没有月收入但年终有大笔进账的人群

一些本来购房有足够一次性付款的人仍选择按揭。这种情况下，"按期付息还本"便成为首选。"按期付息还本"就是借款人通过和银行协商，为贷款本金和利息归还制订不同还款时间单位。即自主决定按月、季度或年等时间间隔还款。实际上，就是借款人按照不同财务状况，把每个月要还的钱凑成几个月一起还。

5. 等额递增（减）。

特点：还款数额等额增加或者等额递减，灵活性强

适合预期未来收入会逐步增加或减少的人群

"等额递增"和"等额递减"这两种还款方式，是当前商业银行推出的几种还款方式之一，两者实际上没有本质上的差异。它把还款年限进行了细化分割，每个分割单位中，还款方式等同于等额本息。区别在于，每个时间分割单位的还款数额可能是等额增加或者等额递减。

购房需注意五点

不少消费者在购房时，由于缺乏必要的自我保护意识和能力，往往吃亏上当。这里将购房时应注意的一些事项列出提醒大家：

1. 证件：消费者在购房时，一定要看卖方是否"五证"齐全。这"五证"分别是：承建的该项物业是否有计委立项、可行性审查的批件；规划局的规划许可证；国土局的建设用地许可证；建委或建工局的施工许可证；房管局的商品房销售许可证。

2. 质量：查询商品房是否有质检部门核定的合格证书，看房最好在雨天，既看建材又看格局。看墙角是否平衡、龟裂，有无渗水。

3. 面积：测量面积是否名副其实，提防缩小面积，"短斤缺两"。

4. 房价：房价主要是依据住房的面积、楼层、朝向而定的。另外，房内附属设施（室内装饰、电话线路、空调动力线、电视接受共用天线、天然气管道等）的档次，也直接影响到房价。据了解，即将出台的新房改方案对价格控制提

出了相应措施，要随时注意掌握这方面的动态，以便在买房时做到心中有数。

5. 环境：房屋所处的环境好坏，直接影响到购房的价值和生活的便利程度。

6. 卫生：卫生学专家们对现代居室卫生标准提出了若干意见和建议，这些标准是：室内日照；室内采光，卫生学专家认为，窗户的有效面积与居室房间的地面面积之比，不应小于1∶15；室内净高，根据《民用建筑设计定额》规定，室内净高不得低于2.8米。

购买二手房的九项注意

1. 注意中介公司的资信情况，尽量选择品牌好、资信佳的大公司。

2. 注意房屋内部实际状况，更要了解房屋四邻周边环境。合同约定的只是房屋本身基本情况，一旦签约，周边状况出现的问题导致购房者权益受损很难得到法律保护。

3. 注意卖房者是否为房屋的真正产权人，是否拥有完全、合法的处分权。

4. 注意房屋是否受到权利限制：是否设有抵押？是否已被查封？是否已被出租？房屋用途是否受到限制？民用还是商用？

5. 注意该房屋产权权属是否清楚。产权不清、产权有纠纷、无产权证的房屋不应购买。

6. 注意慎购单位房及农村自住房。单位房存在土地级差、费用补交的问题，办证比较麻烦；而农村自住房只供当地有户口的村民自住，不能上市转让、出售，不应投资。

7. 注意在买卖合同中对付款金额、付款时间、交房程序等作出明确、可操作性的约定。为上家还贷的房款尽可能直接交付原贷款行，避免在中介或上家处停留。

8. 注意在合同中明确约定交房时的房屋状态以及水、电、煤、物业管理费、维修基金等相关费用的结算办法，避免因水电煤结算纠纷影响交房。

9. 注意二手房内的户口迁移问题，要查清有否户口、几个户口，合同中要明确约定户口迁出时间和逾期迁出的法律责任。

现房转让过户

商品房转让合同包括以下内容：转让当事人姓名或名称及住所；房地产基本

概况；土地所有权及获利方式和支付方式、房地产交付日期、违约责任以及争议解决方式等。当合同签订生效后，即可向房地产交易管理机构提出过户申请。

 购房人权益自我保护

作为买主，购房时切莫急于掏钱，要学会自我保护的方法：

1. 不要轻信房产商的口头承诺，房产商为了尽快把商品房销售出去，往往会向客户作一些虚伪承诺，但当客户预付定金后，或正式签约时，就再也见不到这些承诺。如有的房产商或销售商带你看了样板房，乘势会向你作一些不切实际的承诺，诱使你付上几千或几万元定金。但一旦到签合同的那天，在合同文本上的补充条款已与口头许诺的面目全非，预约单上条款、面积、单价、总价、交房期都没变，房产商完全有"理由"不把定金退给你，让你白受一大笔损失。这时你已骑虎难下。

2. 要签订好预售合同。签订好预售合同是防止购买商品房上当受骗最关键的一环。一个订得周密、完善的合同可以防止日后双方发生争执。合同必须对房屋的地点、朝向、楼层、建筑面积、公共分摊面积、房价、付款方式、预售许可证号、交楼时间、房屋装修标准及内容和设备、违约责任、签约日期等作出明确规定，经双方认可后才能签约付款。一旦房产商违约，就可以依此诉诸法律追究房产商的违约责任。

3. 不为商品房起价所迷惑。商品房销售有起价与均价之分，且两者之间有很大的差别。有些房产商为了吸引客户，在促销中往往制定低起价、高均价的策略，甚至起价销售的房屋根本不存在。例如，以高层住宅塔楼为例，起价的房间是楼层和朝向最差的部分，往往是楼的最底层和北朝向的结合，而好的朝向和楼层与起价的差别往往在1 000元以上，对客户来说如果要求朝向和楼层，就应该考虑实际价格，不能为表面上的低起价所迷惑。

 车险如何理赔最划算

越来越多的有车族对车险感到犯忧，买车、上保险、出险、索赔、修车，一个看似并不烦琐的过程，但车主理赔的过程往往就没有那么简单了。如何在出险后及时维护自己的权益，得到保险公司的赔偿呢？

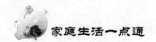

1. 第一时间报案尽量使用"全国通赔"

及时报案。保险车辆出险后，车主应在 48 小时内向保险公司报案，将车牌号、投保人姓名告诉保险公司，告知保险公司损坏车辆所在地点，以便对车辆查勘定损，并认真填写好《机动车辆保险出险/索赔通知书》。

2. 及时理赔防止理赔员作梗

对于那种该赔不赔的现象，投保人在第一次去申请拿理赔金没有结果的时候，一定记住服务于你的理赔员的姓名和工号以及联系方式。在第二次再去拿理赔款项时，可以先电话联系确定，如果得到的仍然是不确定答案，你有权要求他给你一个答复，明确回答为什么不给，什么理由不给，要给的话什么时候能给。如果他无法给你有效回答的话，则说明他的工作失职，您可以通过保险公司提供的客户投诉电话维护自己的保险权益。

3. 选好保险公司避免理赔"缩水"

在购买车险的时候一定要选择信誉好、实力强的保险公司，不要为了贪图一点便宜而为自己以后的理赔埋下隐患。不同的修理厂在修车价格和服务上差别很大，仅仅零部件上就有正厂、副厂、副副厂之分，而一些次品的零件很多都不能保证质量。一般情况下，保险公司都是按正厂件的价格定价，但也有个别的保险公司理赔员就是不按照正厂的价格定价。遇到此种情况，您可以明确要求按照正规厂家的价格来赔付和安装使用配件；每次修理时，与修理厂签订质量合同，这样才能维护自己的合法权益。

购车技巧

1. 第一看外观。

汽车外形首先要观察车头。看进气隔栅及车灯的特色设计，时下流行异形晶钻前大灯。再打开前发动机罩，确认发动机生产商，看内部排列是否整齐有序。外观主要看车型设计，除了解汽车外形或庄重或时尚、颜色或稳重或活泼外，可以对照生产商的资料介绍看车长和车高，了解车内空间及后备箱容量、观察与整车的比例以及后座乘坐空间是否充裕。汽车外形还要观察它的 C 柱是否坚实，车顶至后备箱弧线设计是否和谐，看车胎宽窄、品牌产地以及轮毂外观是否时尚动感稳重大方。细节部分还要特别注意观察汽车间隙是否均匀，这既代表着总装质量也反映着制作加工水平。车内的塑料装饰部件与车体之间，紧凑度应该非常好，看汽车保险杠的紧凑度，是否和车身紧密结合在一起，储物箱是不是能稳定关上。

2. 认真瞧内饰。

车内饰除了观察整体色彩，还主要包括仪表盘、坐椅、后座三部分。仪表盘部分主要看设计风格简洁实用，指示明确还是时尚新潮，充满活力，个别车型无转速表设计会对新手驾驶和新车保养带来不便。豪华汽车还应包括挡位显示、卫星导航设备、倒车雷达等装置，而且更多功能在方向盘上即可操纵。坐椅部分要观察靠背面料，目前多采用的防潜滑式座椅还要观察曲面设计是否舒适合理，座椅是电动还是手动、是否可以前后及高度调节。安全带设施，目前较先进的是三点式，有的上下带电子预紧器可以负载限位器自动缩紧。后座主要看空间大小，是否有中间扶手、是否具有三个安全带，后座如果是 4/6 分配可以放倒并与行李箱贯通，可以增加行李箱容积。另外，要了解是否有天窗、中控门窗、电动后视镜、音响系统是磁带还是 CD、是否在驾驶舱内有开启后备箱和油箱等实用设计。

3. 上路试性能。

车子的性能如何必须要亲自试驾，着重了解其动力系统、安全配置和驾驶舒适性能。进车时可以感觉视野情况，各仪表操纵设置是否方便易触。动力性能要看它的起步阶段动力输出情况，是否有抖动，急加速时是否有贴背现象，挡位是否清晰，挡间距离长短、是否容易进入挡位。行驶时要注意车内及发动机噪声，方向盘是否抖动，转向和挡位是否精确，踏板需要的力度等。不但要了解在急加速情况下发动机在中低速下的车速提升情况，也要了解在高速情况下加速情况，还要看在颠簸路面的行驶情况，可以参考的是考察汽车在 0 ~ 100 公里时速加速时间，城市用车一般在 12 秒左右。

需要提醒的是，方向盘逐级溃缩设计在发生事故时可以有效地保护车主安全。另外配置儿童安全锁、前后雾灯、后车窗除雾线和防夹电动窗是必要的配置。舒适性能则首先要看车内密封情况，是否可以将噪声隔在车外是车主十分在意的一个标准。

 新车验收程序须知

1. 车发票。

购车发票是购车时最重要的证明，同时也是汽车上户时的凭证之一，所以在购车时您务必向经销商索要购车发票，并要确认其有效性。

2. 车辆合格证。

合格证是汽车另一个重要的凭证，也是汽车上户时必备的证件。只有具有合格证的汽车才符合国家对机动车装备质量及有关标准的要求。

3. 核对。

核对铭牌上的排气量、出厂年月、车架号、发动机号等内容，合格证上的号码必须要与车上的发动机号、车架号一致。检查每把钥匙对每一把车锁（正副驾驶侧、后备箱、油箱盖等）的开启和锁止的可靠性。随车工具（扳手、千斤顶等）、警示牌、坐垫（有些车型可能不附带这些物品）。

4. 车辆使用说明书。

用户必须按照车辆使用说明书的要求合理使用车辆。若不按使用说明书的要求使用而造成的车辆损害，厂家不负责三包。使用说明书同时注明了车辆的主要技术参数和维护调校所必需的技术数据，是修车时的参照文本。

5. 三包服务卡保修单。

根据有关规定，汽车在一定时间和行驶里程内，若因制造质量问题导致的故障或损坏，凭三包服务卡可以享受厂家的无偿服务。不过像灯泡、橡胶等汽车易损件不包括在内。

6. 车身漆面。

车身外部主要是对漆面的检查。第一步是让经销商将车停放到室外光线充足的地方；第二步是远观，围着车身走一圈，仔细查看油漆颜色、全车颜色是否一致（以45度角仔细看发动机罩和车顶平面，因为较汽车侧立面来说，汽车上平面着漆效果最能体现喷漆工艺的水平，也是最容易暴露瑕疵的部位），车表面颜色应该协调、均匀、饱满、平整和光滑，无针孔、麻点、皱皮、鼓泡、流痕和划痕等现象，异色边界应分色清晰，同时还应该确认没有经过补漆。把容易找出的瑕疵先找出来，而且要多看看车身底部和顶部这些不容易察觉的地方；第三步是细看，接近车身用较近的距离观察车身漆面有无擦伤、开裂、起泡或锈蚀和划痕以及补过漆的痕迹。用手摸一摸有无修补痕迹，手可以感觉到肉眼不容易察觉的细纹，不要被脏物或灰尘遮住残伤痕迹，尤其是一些容易在运输过程中被剐蹭的部位，以此检查是不是测试车。

7. 车窗玻璃。

检查玻璃有无损伤和划痕，重点检查前挡风玻璃的视觉效果。前挡风玻璃必须具有良好的透光性，不能出现气泡、折射率异常的区域。查看前后挡风玻璃有无损伤。另外，还要注意玻璃是不是原配的，玻璃下脚有标记，以免你精心挑选的结果是辆有过事故的车。检查是否事故车，第一步要检查的是发动机舱左右前端、大灯部位金属板有无扳金的痕迹，假如要是有褶皱等，一般就是事故车了。对于后尾箱左右后端金属板也是如此方法检查。小的剐擦，不法奸商基本上能处理得天衣无缝，不非常仔细观察看不出来，但事故中如伤及轮胎，只要奸商不换，就没法修补。

8. 轮胎和减震检查。

检查轮胎部分，查看轮胎胎面是否新净、轮圈表面是否有刮伤的痕迹以及看看轮胎的毛刺是否有过多的磨损（短距离的行驶一般对轮胎毛刺的磨损较小）。建议各位提车的时候，看一下轮胎上的橡胶小刺是否磨损完，如果小刺看不到，说明绝对在百公里以上了，不要相信里程表。轮胎规格，备胎与其他 4 个轮胎规格是否相同。检查一下防盗螺栓的接头，如果不配套赶紧更换。检查四个轮胎的气嘴帽是否在。检查备胎与其他 4 个轮胎规格和花纹等是否相同。查看轮胎是否完好、没有磨损，有无裂痕起泡现象。查看轮毂是否干净、完美，没有凹陷、划痕。还应该询问并且实测胎压，胎压如果过高，要求 4S 给放到 2.6 ~ 2.7 左右，保证轮胎处于正常胎压且四轮气压一致。轮胎气压符合要求时，在车前观看车身、保险杠等对称部位离地高度应一致。此时，还应该从侧面推、拉轮胎上侧，感觉不松框。如果是盘式制动器，还应该检查制动盘是否完好，不应有明显磨损和污物。用手按压汽车前后左右 4 个角，松手后跳动不多于 2 次，表示减震器性能良好。

 淡季购车淘便宜

每年的车市都有固定的淡季，第一个淡季在春节过后至清明节前，这段时间汽车行情一般比较淡，厂家和经销商的库存压力大，加上许多厂家习惯在此阶段推出新车，因此每年这一季度都有两个明显的特点：新车纷纷下线；"降价声"一浪高过一浪，此时汽车的价格比平时便宜不少。另一个淡季就是 7 ~ 8 月，这时天气炎热，加上没有什么新车下线，消费者买车的兴趣也大减。

什么样的个人收入或家庭收入，购买具体什么价位的车型以及车辆使用过程中如何省油和节省维修费用等话题，也是汽车理财的焦点。消费者在购车过程

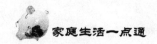

中，要从汽车的技术含量、产品质量、耗油以及二手车残值等多角度综合考虑，特别是油价上涨之后，不少消费者在购车时都非常关注耗油问题，选一辆省油的车，1个月能节省下上百元，一年下来就节省上千元钱。

 ## 车险怎样保才便宜

首先，车辆保险一定要找专业的保险代理人，现在有相当部分汽车保险都是由汽车销售公司或保险代理点在办理，这中间会牵涉到一个利益问题，有些客户在购车时压低了汽车销售商的车辆价格，因为竞争的压力，汽车销售商无奈之下，也只有给客户一个较低的销售价格了。但是，汽车销售商也会有一个条件，车辆保险必须由他们来代理。这样在车辆销售利润上的损失才会得到一些补偿，据统计，现在平均销售一辆汽车，汽销公司的利润在1 000元左右，这样的回报和以往5 000～6 000元的回报简直是天壤之别。

由于汽车销售公司和保险代理点的车辆保险还是要通过保险公司走单，所以里面会有一定的利润空间，汽车销售商或保险代理点便想方设法留住买车的顾客，以赚取最后一块利润。所以现在有许多精明的购车族便会在购车时与车商协商好，说自己有朋友专做车险，保险由自己负责购买，以避免一不小心买到的是高价保险。

所以，买车辆保险并不是一件简单轻松的事情，但是对于一个普通的客户，是无法了解这么多的，因此就会有大量的汽销代理保单和保险代理点保单客户大量转保的事情发生，原因就是代理点销售专业知识匮乏和保单一味追求高利润，该优惠的项目不向顾客说明，导致顾客买到的是高价车辆保险。

综上所述，买车辆保险一定要像买人寿保险一样，挑选一个专业的代理人，为您提供长期的高质量的服务，现在很多车主的口袋里都装着保险卡和保险公司专业代理人的名片，一旦遇到车辆出险，首先会和保险代理人联系，询问如何报案才能获得最大的赔偿额度，因为一旦责任鉴定出来，便会无法改变理赔结果了，而询问专业的保险代理人也许会使您获得更多的理赔机会。

 ## 夏季行车留意"四不赔"

炎热的夏季，汽车容易受到高温破坏以及暴雨的侵袭，车主在遇到由于天气状况导致的险情时，一定要保持清醒，否则可能遭遇保险公司拒赔。

1. 发动机进水后再启动造成损坏

保险公司认为，车辆行驶到水深处，发动机熄火后，如果司机又强行打火造成损坏，属于操作不当造成的，不在赔偿范围之内。

提醒：车停在车库中万一被水淹了，千万不要强行点火发动，应立刻通知保险公司，否则即便发动机受到损坏，保险公司也不赔偿。

2. 车身自然老化的损失

对于车身表面自然老化、损坏的损失，保险公司是不予赔偿的。夏季暴晒和雨淋会造成划痕部位的底漆剥落或锈蚀，而保险公司对于这种原因造成的车表损失视为自然损坏。

提醒：夏天车身划痕要及时通知理赔，及时修复。

3. 车内危险物爆炸的损失

对于车内存放的危险物品发生爆炸造成的损失，保险公司是不予赔偿的。平日里一些细小习惯也有可能造成严重的损失。

提醒：在艳阳高照的日子里，对于车内易爆物品一定要注意存放。譬如，放在车内的打火机、芳香剂和发胶等。

4. 爆胎引起的轮胎本身的损失

对于爆胎引起的轮胎本身的损失，保险公司是不予赔偿的。

提醒：夏天轮胎充气不要充得太足，在暴晒的路面快速行驶引发爆胎甚至可能导致重大事故发生。

驾车省油的小窍门

1. 发动机最好不要原地预热。

原地预热发动机会使磨损增大，预热时间长既费油对车又不好，可采用较低的速度，匀速行驶，边走边热车，养成良好的驾驶习惯。

2. 正确选择挡位。

学会正确使用挡位，尽量不要采用低挡位高转速，长此以往会使机械部分磨损增大，噪声也会加大，而且相当费油。

3. 保持经济时速。

尽量避免以最高车速行驶，如需要最快也不要超过最高时速的 3/4，车上的空调、车窗加热装置最好少用一些。

4. 减少不必要的装备。

经常清理后备厢，不需要的东西和不常用的较大工具不要放在车内，尽量减少车内装饰，以免增加车载重量，造成油耗增加。

5. 出发前做好准备。

先想好路程再上路。许多车主都没有养成这个习惯，结果走了不少冤枉路。开车兜风在这个高油价时代已经不流行了。

6. 锁好油箱。

每次加油时，油箱盖应锁紧，油不要加太满，以免油溢出。

7. 与前车保持距离。

城市中红绿灯多，塞车司空见惯，车辆起步频繁。行进中要与前车保持足够的距离，前车突然制动时，为自己留出足够的反应时间；即使前车司机轻带刹车减速，自己也有足够的距离，不必频繁制动，既安全又省油。

8. 使用节能润滑油。

当汽车传动系统各部件润滑不良，或是间隙调整不当，将增大传动阻力造成费油；好的润滑油，具有好的低温启动性，在车辆启动时，能及时到达各润滑面，减小阻力，保护发动机。

9. 减少风阻系数。

高速行驶中的空气阻力不容忽视。如无必要，尽量不要打开车窗，减少风阻，可以省油。

 修车省钱的绝招

1. 皮带转轮。

发动机的周边运转部件（发电机、冷气压缩机、动力方向器等）都是靠皮带的连接来换取发动机运转动力的。而皮带必须保持在一定紧度下才能完整地传送动力，这部分工作就必须靠相关的皮带转轮来完成。

皮带转轮用久磨损了，就会发出阵阵"吱吱"的尖锐叫声。像这种情况，除非是那种机器压死成型的转轮组件，否则都是坏在转轮的轴承上。只要花十来块钱，就能换好的轴承了，所以不要轻易就将整组转轮都换掉，一定先检查清楚再行动。

2. 发电机。

如果遇到车子开动时大灯忽明忽暗，引擎变速也变得不稳定，这很可能是汽车发电机用久了不能发电的缘故。

如果全部更换，很是浪费。其实发电机也不过是由线圈转子和电磁铁组成的，这种东西一般很难坏，因此，正常使用下一般不会发生故障。

所以，发电机的故障点 90% 以上都在其中的一颗整流晶体上，这个东西在高温下用久了会坏，然而换一颗新的也不过两三百元。所以多数情况下，只要换一颗晶体就可以，在解决问题的同时还省了不少钱。

3. 排气管。

排气管就像个"受气包"，承受着发动机排出的高温酸性废气的长久侵蚀。用久了很容易产生锈蚀或出现破裂的情况，使得本来安静舒适的车变成了噪声刺耳的"拖拉机"。

进修车厂又是"怎一个换字了得"。其实，如果是不大的裂缝，大不了请修车师傅帮忙焊一下，花点小钱一样可以解决大问题。

4. 电动天线。

如果天线断了，折断的天线收也收不进、伸也伸不直，开到修车厂让其修理大多会再换组新的电动天线。其实折断的是天线部分，驱动马达又没坏，完全没有必要整组换掉。

大部分的材料行都有国产车电动天线芯单卖，只要花个几十块买支新的换上，就不用花几百元买新电动天线组。这样一来又能节省不少钱。

其实，一部车上还有许多问题部件都是可以稍加修理或更换小零件就可以办到的，如果换小零件就能解决问题的话就没必要进行大加工。

5. 后视镜。

在行车过程中，车子的一对小耳朵——后视镜常会有意无意的被刮到，一般来说，如果不是整个后视镜被撞断那么严重，多半的情况是玻璃被撞裂掉。如果送修，实在是没有必要，因为如此小问题而换掉整个后视镜，况且烤漆和安装什么的既耗时又花钱，还不如去精品店买片割好的玻璃，将其粘在镜座上，只要二三十元就搞定了。

6. 水箱。

发动机运转时会产生高温，必须借助水循环来散热。但当你有一天车开到半

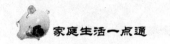

路，忽然"满屋冒烟"，天啊！水竟然都没有了，化成阵阵蒸汽。

这种情形通常只有两种原因，一是散热风扇故障，另一则是水循环管路破漏。如果在修车厂的诊断下发现漏水元凶是水箱破裂的话，通常厂方都会让换个新水箱。然而，水箱裂掉其实也是可以修的，水箱是由铝材料制成的，如果没有大的破裂，其实可以用废轮圈修补。

为了追求美观，漂亮的铝合金轮圈几乎是目前所有车主的改装重点之一。然而，铝圈在各种"超"级路面的摧残下，很难不变形，从而造成行车时方向盘及车身抖动。

这时，其实没必要急着把变形的铝圈换掉。在市面上不乏专修变形铝圈的轮胎修理厂，只需花点小钱就行了，铝焊或铜焊来修补，仅仅十来块钱即可搞定。

7. 传动轴。

开车时，有时只要一转弯，底盘下就传来"咔哒、咔哒"的声音，这种情况的发生往往是由传动轴万向接头磨损引起的，前轮传动轴常会有这种问题。

开到修车厂，厂方大多会整个换掉，但价钱也得好几千元。其实，之所以会发生万向接头磨损的状况，是因为接头外附的防尘套破裂，造成防尘套内部的润滑油脂外漏，尘土进入。

在这种情况下，当然就加速了万向接头的磨损。所以，如果磨损状况不严重，其实可以换防尘套，一个才一两百元，并且补充润滑油，这根传动轴就还能用上很久。如果万向接头磨损太严重，也可以只换接头部分，反正，绝对没必要整个万向接头都换掉就是了。

8. 刹车泵。

机器用久了会坏，而光摆着不用也会坏。对于那些摆着很久才开一次的车来说，还真有放坏的件，那就是最容易出问题的刹车泵了。

由于长久不用，刹车泵内的刹车油缸容易产生锈蚀，进而造成刹车刹单边、刹车不够利索的泵卡死情况。

其实，刹车泵的结构就是那么简单，只要花几百块买组泵修理包，换掉生锈的泵活塞、油封，就可解决问题了。

参考书目

陈斯雯、孙晓璐编著：《快乐生活一本通》，企业管理出版社 2008 年版。

陶然、刘俊编著：《让钱变厚：省钱妙招 320 例》，经济科学出版社 2009 年版。

慕凡、张慧茵编著：《省钱妙招、兼职赚外快》，大众文艺出版社 2003 年版。